未來零售生意的三大方向：

1. 有影響力（KOL），令說話變成指標。

2. 自動引流系統，令銷售變成自動化。

3. 網絡營銷，令生意變成無時間及地域限制。

目錄

CH.1　銷售行業的趨勢

CH.2 為何網絡營銷型適合發展保險理財生意？

CH.3 傳統模式 vs 新世代模式

CH.4 保險理財行業（各行各業）
銷售上的難題

CH.5 24小時無壓力式
保險理財資訊平台10大賣點

CH.6　網絡營銷概念上的準備

CH.7 成為保險理財KOL (Wealth KOL)

CH.8 自動引流系統

CH.9 平台式服務，世上再沒有孤兒單

CH.10 系統式複製，新手也能高效建團

序言一 ── 馮偉昌先生

Billy身為友邦保險其中一位新世代精英區域總監,推出新書為大家分享自己獨特而新穎的網上行銷技巧,將保險KOL概念傳授給大眾,在此向Billy表示衷心祝賀。

世界瞬息萬變,近年來不論是生意模式、消費習慣及環球趨勢都出現新常態。我們需要開創新局,積極回應,才能創造新機遇,繼續前進。不甘因循守舊的Billy,銳意進取創新,致力探索嶄新手法,去開拓客源和招募新人,聰明地善用網上平台及大數據分析,結合保險專業知識,壯大自己及團隊的保險事業。全書融合理論與實務,帶領大家進入保險網絡新世代,無論您是否身處保險業界,都能夠從中提升網絡營銷知識和技巧,拓展創新視野。

期望Billy憑著本書,將實用的網絡營銷之道帶給更多保險精英,幫助他們提升保險事業的活躍度,結合友邦保險的數碼科技平台及工具,更精準分析不同客戶的保障需,提升個人化體驗,以最優質的服務及多元產品,成為客戶心目中首選夥伴,將友邦保險為客戶實踐「健康長久好生活」的理念推廣得更遠更廣。

首席執行官

友邦香港及澳門

馮偉昌先生

恭喜 Billy 有新作面世，將保險最新知識傳承大眾，讓更多人了解保險業最新資訊，我亦非常榮幸可以為他撰寫序言。Billy在業界有卓越表現，是MDRT會員和友邦超級巨星會會員的常客，他擁有前瞻性視野，很早便洞察先機，將自己的保險事業數碼化，利用網絡建立個人品牌和進行招募，幫助自己及團隊於短時間內達成目標。

友邦保險一直不斷創新求變，結合數碼科技和人工智能，為客戶提供全方位保障，也為財務策劃顧問提供全面的數碼支援及配套。Billy懂得善用友邦嶄新和多元化數碼平台，再配合網絡市場推廣策略，令自己和團隊成員的事業迅速發展。

在新世代的保險業，傳統的做事方式或許已不合時宜，保險事業講求團隊合作，依賴來自不同背景、擁有多元才能的成員，和網上市場推廣策略，達至最大化的成效；客戶群不再局限於朋友圈內，而是透過網絡尋找潛在客源，增加機會。懂得網絡營銷，是邁向成功的關鍵。

很高興見到Billy毫無保留分享自己多年累積的寶貴經驗，幫助更多人贏在起跑線，在短時間內達成目標。無論您是資深保險從業員、剛入行的新鮮人，甚至對保險業有興趣的人，都可以在這本書得到非常有用的資訊，助您利用網絡建立自己的事業，踏上成功之路。

首席營業官

友邦香港及澳門

詹振聲先生

多年前與Billy在一次網紅課堂中認識，初次交流已覺得他比一般理財顧問有更前瞻性的眼光，他在課堂中更提及一個劃時代的概念：「如果將網紅營銷策略結合保險業務，可以做到怎樣的效果？」當時我以為他只是隨口說說，怎知後來在短短兩年間，他真的說到做到，帶領團隊擁抱互聯網營銷，把自己和一個個同事打造成保險理財界的網紅(WKOL)，不但自己實現了收入和職級的飛躍，更成就了無數同事，將夢想變成現實！

Billy作為一名成功的理財顧問，深明理財顧問面對互聯網時代的痛點和挑戰，為了幫助更多理財顧問將生意網絡化，Billy 把他多年的網絡營銷經驗結集於本書之中，即使我已在商學院教授網絡營銷多年，閱讀本書時仍發現很多很受用及沒想過的部分，尤其是Billy把自動引流系統的內容結構化、模板化，讓新同事不需要從頭摸索即可輕鬆複製成功方法，不需要傷及親朋戚友人脈即可獲得陌生客源，教學仔細，乾貨滿滿，非常值得大家參考。

除了深諳網絡營銷之道，Billy一直非常強調平台化發展的重要性，皆因經營生意不能單打獨鬥，自己成功，更要帶領團隊成功。平台化經營策略可以使業務發展互聯網化，團隊智慧更可內聯網化，所有知識和

智力資源可以內聯共享，不斷累積和進化，形成讓團隊永續發展的絕對優勢，而這本書就是實踐平台化經營的重要基石，不管你是否從事理財顧問行業，都一定能從中獲得很多洞見和啟發。

在高速變化的時代裡，有人面對互聯網一頭霧水，有人借力互聯網一夜成名，如果注定總有些人要成功，為什麼不可以是自己？如果你正打算加入保險理財顧問行業，我會建議你跟隨一個擁有新時代眼光和格局的領袖，Billy的WKOL策略，將會為你打開通往成功之路的大門。

創業家培訓集團創辦人

黎祉琛

▲ 2008年—加入保險理財業

▲ 2009年—以破公司記錄18個月晉升為聯席董事

▲ 2012年——以4年時間第一次建立100+人團隊

▲ 2014年——團隊人數達至300+人

▲ 2015年─轉到另一保險公司

▲ 2017年─加入挑戰家族從5人開始從新出發

▲ 2018年—搬進尖沙咀海港城辦公室

▲ 2019年度的ALLSTAR團隊

ALLSTAR 團隊

前言一

香港的生活成本高，樓價更是冠絕全球，如果想要在香港過比較好的生活，金融或地產行業基本上可以說是找工作或者當成是創業的首選。

保險理財行業的平均收入都比其他行業為高，但同時要面對的困難相對來說也比較多。大部分加入這個行業的新人都面對著的問題也是差不多。學習金融知識，開拓客源，取得客戶信任，有效跟客戶溝通，擴建團隊等。

今年是我踏入保險理財行業第14個年頭，過往也有管理團隊的經驗。作為團隊的領導者，這麼多年來，我們大大小小的會議所討論的話題都是圍繞著這兩大問題：

1. 怎樣可以把這些行業的問題根源解決
2. 怎樣可以把團隊營運變得更高效率

社會對保險理財方面的難題：
人們不容易找到合適自己的顧問
顧問不容易找到欣賞自己的客人

我認為解決問題必須從根源著手
問題的根源是缺乏「信任機制」

沒有信任機制下，人們通常都怕：

怕被顧問欺騙

怕顧問不夠專業

怕買了功能相同但價錢比較高的產品

怕變成孤兒單

這本書的主要方針是以根源解決這些問題的概念為主，也可以說這是我對這個行業發展未來的計劃書。關於技術操作層面的部分，由於內容實在是海量，我將會分階段逐一拍成短片放在我網站內的網上免費課程給大家參考。

www.billyng.com/onlineclass

前言二

世界上有一部分人很有自己的主見，他們很清晰知道自己需要什麼及想要做什麼。他們往往可以很有效率地為自己的事情作決定。也有一部分人是沒有太多主見，他們希望可以參考別人的做法，參考權威性機構或他們欣賞的人物的意見，繼而去考慮自己應該怎樣作決定。例如KOL們會以自身的角度推介不同的餐廳，食物，旅遊景點，衣服，化妝品，保健品等的資訊，讓他們的followers參考。由於現代人不希望浪費金錢和時間，他們希望透過別人的經驗和口碑來判斷他們應該怎樣有計劃地消費，從而令到他們的消費性價比更高。這正是KOL存在的價值。

投資理財方面也一樣，很多人對理財這個話題也是比較陌生。所以我認為未來社會也會更需要給大家投資保險理財資訊的KOL。

WKOL = Wealth KOL

Wealth KOL的工作，是協助大家以輕鬆，簡單，有趣，精準，無壓力的方式了解理財概念。解決普羅大眾嫌麻煩，沒興趣，沒時間了解，聽不明白等的問題。

現今世代基本上所有人都有投資及理財策劃的需要，但為何還是有人談及到這個話題而感到卻步，他們不是沒有需求而是因為以下幾點：

▶ 沒有途徑找到真正的專業人士
▶ 怕買了不適合自己的產品
▶ 怕自己買了比市場價格較高的產品
▶ 怕沒有售後服務
▶ 不知道可以相信誰
▶ 怕面對面聽完理財分析後有購買壓力

想聽真正專業的理財分析，又不知道自己能相信誰。相信大部份人也曾經面對這個兩難的苦惱。

在客戶層面的話，如果有一個平台能夠幫你做到以下幾點：

1. 有途徑讓你認識經認證的專業理財顧問

2. 全面了解理財顧問的背景，經驗，服務承諾及過往的理財方案例子

3. 沒有任何購買壓力

這樣是否可以令客戶更有信心？令選擇理財顧問更有效率。

CHAPTER 1
銷售行業的趨勢

網購威力的驚人數字

淘寶天貓在雙11活動的銷售數字，為網絡營銷揭起序幕。

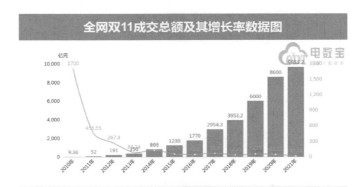

全网双11成交总额及其增长率数据图

圖表編制：網經社

数据来源：WWW.100EC.CN

1.2

中國網紅
新經濟市場規模
已經突破1.3萬億元

移動互聯網的出現將廣告根據消費者的屬性、興趣偏好、地理位置等方面推送給特定的人群,縮短了品牌主與大眾消費者的傳輸路徑,做到精準獲客。與此同時,互聯網廣告的展現、點擊、轉化都可以通過技術在一定程度上追溯量化,從而為下一次廣告投入優化提供參考。

互聯網廣告及網紅營銷的出現極大地衝擊了傳統廣告業,並在近年來迅速佔領市場份額。中國傳統廣告市場規模增速持續減緩,與傳統廣告市場萎縮形成鮮明對比的是,同期互聯網廣告市場規模達到了4972億元。作為互聯網營銷的子行業,網紅營銷市場的規模在2020年也升至670億元。

中國直播電商
近2萬億元規模

比起傳統電商在平台上直接發佈的商品平面圖片,直播電商相對來說更加直觀,互動性也更強,最重要的是可以彌補傳統電商在非計劃性購物方面的短板。實時互動+視頻的呈現模式從網紅角度來看可以迅速積累粉絲,建立個人品牌效應,降低商品和粉絲之間的信任成本。從消費者角度看這種模式可以讓用戶感受到更貼切的服務,更「緊迫」的臨場感,同時訴求反饋路徑更短,消費慾望更強。從商家角度來看可以縮短商品銷售轉化路徑,提升轉化率,提高核心用戶粘性。

直播電商乘風口之勢高速發展,網紅的分銷價值逐漸釋放,市場規模和滲透率仍有廣闊增長空間。綜合各類數據,2020年直播電商市場規模約為10500億元,同年網上實物零售總額為9.76萬億元,直播電商滲透率超10%。隨著各大流量入口入局,直播電商2021年市場空間擴大至近2萬億元。

1.4

一條短片創造
6000萬營業額？
（鹽焗雞粉）

我曾經在抖音上面看到一段視頻，影片中正在拍攝一隻看起來很美味的雞。我把這個視頻看到了最後，片中提及要烹調一隻好吃的雞秘訣就是用一包鹽焗雞粉。在視頻的右下角可以點入他的商城購買這包鹽焗雞粉，點進去後發現這包鹽焗雞粉只售3.9元，上面還標示著如果買十包直接降價至2.9元一包還包郵，接著我點進去查看他的銷售額，竟然已經賣出2000萬包。

那一刻令我有所頓悟，在香港，很多時候我們都覺得自己的銷售已經做得不錯，但原來相比起國內，他們有更新穎的銷售模式，單靠製作一段短視頻就能夠賣出2000萬包。假設平均3元一包賣出，這段視頻已經創造了6000萬的銷售額。這絕對是我們希望能夠參考的銷售方向。但現在，香港在短視頻這方面的銷售模式依然落後。

聪厨官方 升级加量

¥**9.9**起　　　　已售 369.2万

品牌 聪厨官方旗舰店

抖音618 【爆品】聪厨湘西外婆菜258g*2包大份量升级装免洗免切下饭菜

🌽 菜菜勺 推荐

保障　安心购　品质保障　售后无忧

坏损包退　极速退款　不支持7天无理由退货 ›

现货 最爽48小时从湖南省发货，包邮

抖音支付 绑卡领5-20元无门槛券，点→ ›

进店　客服　收藏　加入购物车　立即购买

10包 9.9元 五香卤料 荤素均可卤

¥**9.9**起　　　　已售 250.2万

抖音618 吉祥湾卤料包【10包9.9元】五香卤肉料包卤料大全20包16.9元

午田美食 推荐

保障　安心购　品质保障　售后无忧

正品保障　坏损包退　运费险 ›

现货 48小时内从山东省发货，包邮

抖音支付 绑卡领5-20元无门槛券，点→ ›

评价(25.9万)

进店　客服　收藏　加入购物车　立即购买

娘炊烟五香卤料包

¥**25.9**起　　　　已售 111.3万

抖音618 niangchuiyan/娘炊烟五香卤料包 卤各式肉菜素菜（每包150g）

保障　安心购　品质保障　售后无忧

正品保障　坏损包退　运费险 ›

次日发 现货 现在付款，明天从广东省发货，运费0元起

抖音支付 绑卡领5-20元无门槛券，点→ ›

评价(11.4万)

进店　客服　收藏　加入购物车　立即购买

¥**17.5**起　　　　已售 180.2万

四川风味 香辣麻辣特辣红油辣椒油420克商用 家用凉拌菜 油泼辣子

🌶 李洋子红西上诚人 推荐

保障　安心购　品质保障　售后无忧

正品保障　坏损包退　运费险 ›

现货 48小时内从河南省发货，包邮

抖音支付 绑卡领5-20元无门槛券，点→ ›

评价(21.0万)

进店　客服　收藏　加入购物车　立即购买

1.5

淘寶的價值
誠信機制令陌生人也可
以進行交易

商業的根本是交易
交易的根本是信任

馬雲曾經提及，淘寶最值錢的並不是商城，很多公司都可以創建商城，淘寶最值錢的價值是「誠信機制」。所有交易本身基於雙方的信任度。

在網上世界買賣雙方本來就不認識，但淘寶為了能讓買家更認識賣方，商城內設立了不同的位置讓賣家放上自家的資料，並設立在交易後買賣雙方也可以為對方留下評價。當買家見到自己有興趣的產品，進入該商品的頁面後可以更深入了解這賣家，看到過往交易有不錯的評價會令買家增添信心。賣家在收到款項後才把貨物寄出，不擔心收不到款項。整個流程就是拉近陌生人之間距離，誠信機制正是整個交易的核心價值，可以令到一些陌生人安心互相進行交易。

打破時間及地域限制
「廣東道 vs 淘寶」

淘寶雙11活動？

2021年淘寶雙11活動的銷售額已達到5000億人民幣，令我聯想到全盛時期的尖沙咀廣東道一日的銷售額高還是淘寶雙11活動一天銷售額比較高呢？

香港尖沙咀廣東道是名店街，如果沒有疫情的話整條街道都是遊客。基本上所有國際知名奢侈品牌都集中於此，他們每天的交易額也絕對是一個天文數字。但不單單是廣東道，我懷疑整個香港所有實體店加起來一天的交易額都未必能達到5000億人民幣這個水平。

打破時間及地域的限制

為什麼5000億人民幣的銷售額淘寶一天就能做到呢？現在只需要有手機或電腦，全國各地的人都可以在任何時段、任何地方隨時隨地無限量購物，可以做到24小時運作交易。而我相信網店式購物絕對是現在及未來的生意發展方向。

1.7

借用科技巨頭
Meta (Facebook)
的優勢

對於Facebook，我會形容它是一家科技公司。他們會不斷收集用戶的
行為模式，無論我們的飲食起居，跟哪個朋友比較熟，喜歡看哪類型產
品，有什麼興趣愛好，喜歡聽哪類型音樂等等。透過GPS可以知道我們
在哪裏逛街，到哪家餐廳吃飯，喜歡去哪個商場消費。所有的數據也會
儲存在他們的雲端資料庫，然後通過人工智能去分析我們的行為模
式。

未來人工智能會比我們更了解我們自己？

收集回來的資料經過分析後會把相同行為模式的人集中一起，透過分類能分析到哪一類人喜歡或偏向於某一類型的產品，推斷人們的興趣和消費模式，更可以預測到我們未來的需求。從而能精準地向用戶們發放他們有機會有興趣的廣告。

這些精準的數據能怎樣協助我們？

我們可以利用他們收集回來的數據借助科技力量的優勢，透過向他們付費來協助我們推廣宣傳，把我們預先準備的內容投放在經過人工智能分析出來認為有興趣的精準客戶群。

1.8

Google在偷聽
我們的說話？

Facebook會分析我們的數據和行為模式，不知道大家有沒有聽聞過
Google還會偷聽我們的對話。舉個例子，有一天我和朋友在逛街，吃
飯的時候我不經意地說了一句：「我都想去買恤衫」，當時我只提了一
次，過了一會，我看Facebook、IG的時候就不斷有恤衫廣告跑出來。不
要以為我們說廣東話它聽不懂，其實它已經完全了解我們的說話，從
而分析出我們的需求，把一些適合的廣告投放在我們的個人媒體版面
上。

我們可以怎樣利用Google這個優勢協助我們做生意呢？

對於未來做不同行業的人可以透過科技令生意增倍。當智能分析某位用戶對某產品有興趣時，會透過自動配對來顯示相關產品的廣告給這位用戶，還會反復地出現在這個人的不同社交平台。希望達到增加購買意欲，就算還未能成交，也增加了客戶對品牌的認知度，可以為未來的成交奠下基石。

1.9

大數據能令
廣告費下降同時
令成交率提高

以手機殼廣告為例，由於每人的手機及型號也不同，大家所看的手機配件也會不同。網絡廣告會根據你的手機型號而推送相應的手機配件廣告。最常見的是手機殼廣告。我是一位同時擁有華為手機及Apple手機的人。當我用華為手機時，我看到的廣告是華為P30 Pro的手機殼廣告，當我用iPhone時我看到的是iPhone手機殼廣告。這樣便不會把同一筆的廣告費花在根本不會買你產品的人身上。同時廣告費會集中投放在有機會能選購你產品的人面前。

1.10

「搜尋」
已經取代了
「問朋友」

以前我們想找一間餐廳,想了解哪間餐廳比較好吃,哪一間比較划算,可能我們會問朋友。現代取而代之我們會用Google或者香港常用的Openrice去搜尋。問朋友和用搜尋器有什麼分別呢?問朋友可能他們也沒有吃過,另外比較難單靠文字或言語來形容食物的質素或餐廳的觀感。在網上搜尋的話,想吃什麼菜式,在哪個地區,只要搜尋就可以了,輕鬆看到餐廳的環境、食物質素,甚至連餐牌價錢都一目了然。輕鬆及快捷找到答案,要搜尋的內容幾秒就已經找到。由此**可見未來的銷售模式都是由「搜尋」來開始**。

1.11

成為
「能被搜尋到」的商家
(通渠師傅)

這個年代大家已經習慣用搜尋代替問朋友,舉個例子,前段時間同事家裏的渠淤塞了,他在YouTube搜尋教通渠的視頻,視頻內容提到怎樣通渠和渠道淤塞的原因。根據他的方法也能解決一般的問題,視頻尾端提醒如果情況嚴重自行解決不了的話,可以聯絡他上門協助。

最後我的同事找到師傅上門幫忙，花了700元。期間同事問：「師傅，為何你會拍片這麼厲害？」師傅說是他的女兒協助他拍攝，然後把視頻放在YouTube上。試想像一下，在這個年代我們大部分人遇到什麼問題也習慣性在網上搜尋解決方案。

所有生意的根源都是從協助客戶解決問題而開始。將我們的生意優化成「能被搜尋到」，相信獲客量會比只用傳統模式增加，也是未來各行各業令業績增長的關鍵。

沒有任何貶義，連通渠師傅也懂得利用短片形式來增加自己的客戶群，我們還在等嗎？

1.12 無壓力式銷售

大家逛街的時候都會不太喜歡銷售人員過來推銷，令到大家感到無形的壓力，很多時候銷售人員走上前的時候就是我們離開店舖的時候。我們現在都比較喜歡自主式的購物模式，當真正遇到問題的時候才找店員幫忙。這個趨勢也是令網上購物崛起的原因。

在網上購物沒有壓力，同時不擔心被銷售人員催促購物。在實體店的時候，我們停留挑選了很長時間最終沒有購買，但考慮到店員一直在旁協助，我們也有機會出於不好意思便買了自己根本不適合的東西。

隨著消費模式改變，網店形式更有購物自主權，輕鬆拿捏整個購物過程，隨時隨地隨心消費，這才是真正無壓力自主的銷售，這絕對是銷售行業的趨勢。

1.13
資源共享年代
平台式經營達至三贏

新世代很多商業模式都可以透過借助第三方力量去協助發展。

Airbnb 自己沒有擁有一間房子，但它是全球最大的出租屋平台。

Uber沒有擁有一台車，但它是全球最大出租車平台。

平台把服務提供者及客戶連接起來，由設計概念、雲端程式、客戶服務、支付及收費、公平性、競爭性、安全性等都由平台負責研發及管理。平台能夠做得更完善，有機會有更多消費者願意使用，意味著同時地可以提高服務提供者獲得更多客戶。

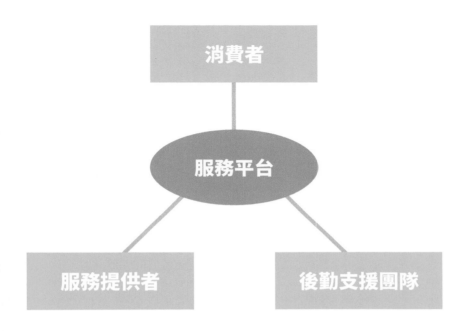

消費者 —— 獲得優質及更完善的服務。

服務提供者 —— 專心提供優質服務及提升服務水平,不用兼顧太多他們不擅長的支援工作。

後勤支援團隊 —— 負責溝通協調,對消費者及服務提供者提供意見反饋,透過宣傳提高知名度,吸引消費者們使用他們的平台,也讓與他們合作的服務提供者獲得更多客戶而達至三贏。

可擴展的生意模式？
大家樂 VS
米芝蓮三星餐廳

眾所周知米芝蓮三星的餐廳評價要得到很高的分數，才能拿到這個名銜。米芝蓮三星的餐廳多以環境高格調、食物質素佳而見稱，當然收費不菲。

大家樂餐飲在香港的分店遍佈港九新界，以快捷及便宜見稱。以商業角度來說，到底米芝蓮三星的餐廳還是大家樂餐飲賺錢能力比較高？答案無庸置疑，當然大家樂賺得比較多，畢竟大家樂是一間以大眾化見稱的餐廳，而且不受經濟環境影響，早午晚三餐都經常座無虛席。

另外一個因素是大家樂模式容易大量擴展，米芝蓮三星餐廳要獲得到這個名銜，首先裝修環境要吸引，廚藝了得也要出類拔萃，另外還要選用優質食材，在複製上有一定的困難。

相反大家樂快餐模式無論在食材、店舖、裝修等方面都主要走親民路線，用統一模式的管理營運。設置中央廚房令成本降低。由下單開始，點餐取餐均用自助式管理，廚師收到訂單按步驟，加上配料就能煮出一碟一模一樣的菜式，跟流程走，這個是能高速複製的原因。

米芝蓮三星的餐廳，單單在聘請經驗豐富的廚師已經是一項大挑戰，很難輕易找到數百位合乎要求的廚師。

在香港有超過160間分店的大家樂，這個經營模式值得我們參考怎樣去複製更多分店，未來想擴展的企業都要考慮能將自家服務加入簡單、容易、高效、可複製等元素，讓企業生意能迅速擴展。

CHAPTER 2
為何網絡營銷型
適合發展保險理財生意？

為何用保險理財創業？
行業5大特點

第一章提到未來世界都會以網絡營銷及網紅營銷為主導，為何還選擇保險創業？

當我們想創業做老闆，第一個最主要面對的問題就是資金，為了節省成本可能會聯想到成本相對較低例如是咖啡店。低成本的做法選址一般不會是旺區，面積也較小，內部只能作簡單裝修，加上水、電、煤、按金、電腦設備、入貨等成本，基本上最少花費幾十萬。但花了這筆錢到最後生意又是否真的穩賺不賠？

如果沒有創業基金的話，還可以以什麼行業來創業？

選擇用保險理財來創業的5大原因：

自主

模式就是自己做老闆，建立自己的事業王國，不需要用時間去換取工資。

投資門檻低

除了考牌的幾百元考試費用外，節省了其他租金人工等成本。

多勞多得

有清晰完善的佣金制度，付出跟收入成正比例。

無限擴展

清晰的晉升階梯制度。由保險公司出資助金，建立跟自己志同道合的團隊。

彈性時間

自由調配自己的作息時間，什麼時候工作和假期多少，全由自己自行決定。

以上五點都是為何以保險理財創業的原因。以目前在香港來說絕對是低投資門檻但高回報的不二之選。

醫療科技發達
成保險理財業的
發展機遇?

為何醫療科技發達會成為了保險理財業的機遇?醫療科技日新月異,以前癌症是不治之症,現在已有各種治療方法,包括電療、化療、質子治療、免疫治療、幹細胞治療等。這些治療雖然令到人類因癌症發病死亡的機率減低,但根據統計現時疾病死亡個案中,3大主要疾病死因的死亡人數,癌症死亡率約佔70%。醫療科技發展迅速,癌症已非不治之症,未來將會變得更加容易醫治。隨著死亡率減低,從中衍生出另外一個問題。人口老化,人們平均壽命增加,某程度上是因為醫療科技發達及社會教育水平提高,市面有大量不同預防疫苗、保健品,人們的健康意識亦相對提高,更懂得注重飲食健康,也是人均壽命越來越長的原因。

人均壽命延長,人口老化會產生什麼機遇?

主要以下兩點:
- 身體壯健,生存需要生活費、養老金、娛樂、保健等開支。
- 身體出現毛病,生活需要倚賴醫療服務、藥物、看護和各種治療。

無論身體狀況如何都離不開用金錢去維持，做好理財規劃，選購適合自己的儲蓄方案和醫療保險，設立自己的退休基金是活得長久而快樂的根本。這也是越來越多人趨向明白為何要提早為自己做好理財規劃的原因。

保險理財需求飽和？
三個問題能說明

為什麼人們對保險理財有需求？三個思考性問題能全面解答。

第一個問題

社會上，生活富足的還是生活不富足的較多？

第二個問題

社會上，懂得投資的還是不懂得投資的人較多？

第三個問題

社會上，已經有足夠保障還是沒有足夠保障的人較多？

以上三個問題就已經可以說明行業是否飽和。因為大部分人都沒有足夠投資及理財知識，需要專業的顧問協助處理財務策劃問題，這就是保險理財的生意機遇。

2.4

解決過往客戶8大隱憂，
是未來獲取生意的關鍵

大部分人也明白保險理財的重要性，但為何遲遲未敢約見顧問？

過往普羅大眾面對選擇理財顧問時的疑惑

1. 怕顧問三分鐘熱度，很快離開行業
2. 怕顧問專業知識或經驗不足
3. 怕顧問貪圖佣金而胡亂銷售客人沒需要的產品
4. 怕面對面見顧問時會有購買壓力
5. 怕顧問完成保單後便怠慢回覆
6. 怕顧問沒有提供售後服務
7. 怕買保險後將來不能理賠
8. 怕顧問將來會離開這個行業，變成孤兒單

以上都是導致客戶卻步的原因。與其要擔驚受怕，人們選擇了逃避保險理財這個話題。

現今是信息氾濫年代不缺乏資訊，缺乏的是一個令人安心去了解的保險理財資訊平台。

2.5
平台式營運，
兼職也能做得好

想創業但又想先從兼職開始試一下可行嗎？

老實說用傳統的模式是不太可行的。因為傳統的模式絕大部分事情都
是要一手包辦，包括學習金融知識、產品條款、科技應用、個人品牌宣
傳、開拓市場等。兼職的話根本兼顧不了這麼多事情。

平台式經營，兼職只需專心做好引流這個範疇。

假設一位兼職的同事拍了一段引流短片，在網絡世界遇到有準客戶提出疑問時，由平台派遣相應產品專員協助解答準客戶的疑難。不論客人查詢保障類型產品、投資類型產品、儲蓄型產品，平台都能派出專業的產品專員陪同一起處理。當完成保單，有機會衍生一些問題需要跟進，平台後勤團隊會協助補交文件、客戶體檢等。完成保單後，平台會幫忙提醒跟進需要簽收保單，這個就是我形容如何用企業化營運這門生意，就算是兼職都有機會做得出色。

兼職的例子：

很多家庭在生小孩後都會聘請外籍傭工幫忙。每月大約花費5000元，就可以令到父母有外出工作的時間，在商場賺取收入來幫補家計。但也有選擇親力親為的父母，他們沒有聘請傭工照顧和教導小朋友，夫妻必須最少有一人全職留在家中照顧家庭。但留在家中照顧小孩的父母怎樣可以有運用空間時間有效釋放他們的生產力？我認為網絡生意就是其中一個方向。由平台協助在家中創作短片、圖片或內容，及透過服務平台可槓桿自己的時間及知識來完成到一單生意，也有機會賺取一份不錯的收入。

CHAPTER 3
傳統模式 vs 新世代模式

3.1

由客戶主導新世代
KYC = Know Your Consultant

過往大家的理財顧問也是透過朋友、朋友的朋友、親戚、舊同事、舊同學或者一些不認識的Cold Call等。客戶不知道也不認識怎樣揀選一位專業又適合自己的理財顧問，也沒有一個標準怎樣才是專業。當然我們要明白沒有最好的顧問，只有最適合自己的顧問。

傳統模式的 KYC = Know Your Client
未來模式的 KYC = Know Your Consultant

我們可以預先錄製常見的客戶FAQ問題及投資理財概念資訊短片，透過網上不同的媒體讓人們能尋找到或更認識理財顧問，透過他們的影片和資訊了解他的理財觀念、價值觀、專業資格和背景、服務範疇等。從而可以挑選認為合適自己和家人的保險理財顧問。

網店式經營
世上再沒有「懷才不遇」

在保險理財行業不乏一些聰明好學，對產品及條款都非常熟悉，對理賠的流程也非常有經驗的顧問，但為何總有一些這麼有經驗的顧問，在業績上偏偏未如理想？在我們這個行業，有一句術語把他們稱之為「保險博士」。在我的角度，他們只是屬於不太喜歡或不太擅長交際應酬及認識新朋友。但他們很多都是值得尊敬的保險理財專家，因為根據我的經驗，他們就是那種你問什麼他們都懂的人。難免有時他們會慨嘆懷才不遇。

我經常在團隊的培訓當中也提及，**這個世界是沒有懷才不遇，欠缺的是Marketing這個「才」。**

透過網絡世界，在各大社交平台展示自己的經驗和知識。人們當有理財需求時很難立刻知道哪位顧問是專業的，但未來都是以剛才提及過的「以搜尋代替問朋友」。在網絡世界人們可以搜尋到自己所需的資訊，透過瀏覽短片去了解，覺得適合自己的話就直接跟該顧問聯絡。這樣就可以協助一些本身具備專業知識但不善於交際應酬的顧問，提升他們被欣賞自己的準客戶尋找到的機會率。

以廣告代替
交際應酬及認識新朋友

跟大家計算一下成本效益，過往我們要認識新朋友，可能就是要透過
參加一些朋友聚會活動，加入及參加商會活動，參加不同的學習班或
課堂等方式等。但這些活動全部都是有相應的成本。

例如參加商會要繳交商會的年費，每次出席活動也要付場地及餐飲
費。商會活動除了本身那幾十位會員外，他們每次也可以另外認識新
帶來的幾十甚至乎過百位來賓。但都是以走馬看花形式的來派卡片。

但試想像**把參加活動的開支換成投放在網上廣告**的話,相同的成本但有機會能讓更多人認識你,而且還是經過人工智能為你挑選更精準的準客戶。當然這是一個不準確不公平的比較,因為面對面認識比起網上認識的感覺是截然不同。

減少無效社交

在剛進入行業的年代,我也是透過參加不同形式的聚會認識更多新朋友,當聽到我朋友邀請我參加一個30人的燒烤聚會的時候,我會覺得十分不錯,因為有機會認識近30個新朋友。但當參加聚會的時候,發現當中15位是從事保險理財業的行家,而另外15位是從事傳銷業(對不起,我以誇張了的方法來解說了這個例子😊)。當然可以說是面對面認識了一些新朋友,但如果純粹從生意機會角度來說就是浪費了時間。

傳統獲客模式 vs 新世代獲客模式

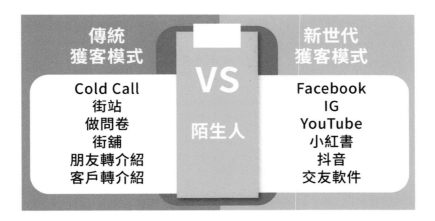

傳統獲客模式的最大弊病是沒有累積性。以Cold call為例，打了十個小時Cold call可能約到幾位有興趣詳談的準客戶。但假若到最後還是談不成功，這十個小時便是浪費了。當然你可以說是累積經驗，但就沒有後續的價值。

新世代獲客模式，以整作短片或圖片來作網店式營運吸引潛在客戶。假若以一星期製作兩條短片為例，一年時間便可累積超過100條短片。這些短片在未來也可以一直運用。累積的短片數目越多，當潛在客戶看到你和團隊認真專業的製作，自然地也會加強他們對你的信任。

3.5
傳統認識理財顧問 vs
新世代認識理財顧問

從前我們找顧問的方法是看身邊有沒有朋友認識相熟的保險理財顧問介紹，或剛好身邊有親友做保險。但光靠這樣未必能夠找到一個真正適合自己的理財顧問，只是找了一個所謂有朋友認識的人。由於對顧問的不了解，或許比較容易出現所謂的孤兒單或者保單爭拗的情況，因為當時購買的時候也不知道顧問是否專業。

隨著互聯網越來越流行，有些顧問也會在網絡平台推廣，讓準客戶容易尋找自己和了解自己，從他的社交媒體上了解他的個性、背景和價值觀，再根據自己的需求，尋找一位認為適合自己的顧問。

3.6 傳統營運模式 vs 新世代營運模式

傳統營運模式	VS	新世代營運模式
朋友轉介 登報紙雜誌廣告 招募講座	招募	JobsDB LinkedIn 網上廣告 線上線下招募講座
公司提供 師徒傳承	專業 培訓	網上課程 全面系統化教學 數碼媒體片段
街站 做問卷 打電話推銷 找親朋戚友 找轉介紹	認識潛 在客戶	Facebook IG 小紅書 抖音 交友軟件
朋友親人轉介 派卡片 財經雜誌	讓客戶 認識我們	開設專頁 個人網站 YouTube頻道 直播
面談 朋友轉述 觀察	了解客戶 理財需求	網絡搜索配對 預先設定基本的問題 大數據分析

傳統營運模式	VS	新世代營運模式
面談 電話對話	提供 理財建議	Email WhatsApp WeChat Youtube
紙本計劃書	計劃書	電子計劃書 容易理解的 PPT 短片講解
溝通面談 電話	解答 客戶疑問	開設服務群組 加入客戶、顧問、 專家、行政人員 網上解答基本概念 及行政問題
紙質簽單	成交	網上投保 iPad 簽署完成投保 遙距簽署完成投保 電子／紙本保單
營業員本人跟進	售後服務	線上線下平台協助 後勤團隊跟進 產品專家協助 團隊模式服務
由自己及經理判斷	活動管理	網上廣告數據管理 網上預約 雲端活動管理系統 運用線上支援平台 減少無效活動
由自己及經理判斷	積效管理	大數據分析

3.7

傳統廣告 vs 網絡廣告

傳統廣告是指在電視、電台、報紙、地鐵的廣告等等。以前在報紙上刊登廣告頭版，一天廣告費是數十萬港元起。當然全香港購買報紙的人在第一頁已經看到你的廣告，但廣告商不清楚到底誰觀看過你的廣告。報社告訴你印刷了多少份報紙但不等於有多少人買了或看了，花了錢也不能追蹤廣告接觸到什麼客戶。

取而代之的是網絡廣告，數碼媒體廣告針對性向目標客戶播放，全方位接觸目標客戶，減少浪費金錢播放廣告給沒興趣的買家。

例如銷售一款女性用品時，自然希望目標客戶群重點放在女士身上，當然也不排除有些男士會希望購買贈予女性朋友。在數碼媒體廣告選項上我們可以選擇針對投放廣告於女性客戶，大大提升廣告的接觸率。

如果用傳統廣告推銷嬰兒奶粉、嬰兒紙尿片，有部分廣告費會浪費在本身沒有生育小朋友的人或者已經過了生育時期的人身上；當然可以當成是建立品牌的費用，網絡廣告卻可以針對年齡層、興趣、消費習慣等自動篩選播放給準爸爸媽媽或已經生育小朋友的父母瀏覽。

網絡廣告背後擁有大量用家的行為數據，透過分析用家的瀏覽習慣，將廣告針對性及有效播放展示給有興趣購買的人群。企業家也較容易追蹤客戶的資訊，了解客戶的喜好，從中改善廣告的內容做到更吸引目標客戶的眼球，提高了企業在廣告方面的成本效益。

傳統廣告	VS	網絡廣告
較高	價錢	較便宜
相對難計算	有多少受眾看到	可計算
較低針對性	受眾針對性	高度針對性
不可追蹤到	對廣告有興趣的人	可追蹤到
單向	方便聯絡	互動
較難統計	由廣告帶來的查詢	可統計
較難統計	由廣告帶來的成交	可統計
比較難	計算成本效益	比較容易

3.8

傳統早會 VS
新世代早會

傳統早會一般都是活動管理的會議。有個案分享,互相吸收見客經驗及了解進度,傾談處理客戶異議方案,這些大部分都是圍繞生意。

在未來新世代的早會,我們會探討每一個廣告的瀏覽量,廣告能接觸到的客戶群來做數據分析。我們會探討人流數量、點擊廣告次數、觸及率次數、客戶群留言次數和內容等。我們未來可以透過以上數據清楚了解知道哪一類型廣告比較受大眾歡迎,哪一類廣告觸及率較低並作出改進修正,探討適合的演繹方式和表達手法。當經過多次改進後仍然沒有改善情況,就要作出取捨汰弱留強。

有成效的廣告需要跟隨潮流拍攝一些熱門話題,選取最多人感興趣接觸的內容,亦都同時需要留意ROAS(Return on Ad Spend)「廣告支出回報率」。我們投放在廣告的成本跟所得的收益百分比,我們會重點把資源投入在更高回報的短片上,增加曝光,同時也需要定期更新廣告。

傳統早會

▶上星期認識了幾位準客戶

▶上星期的準客戶的異議

▶今個星期約了多少位準客戶

▶今個星期有幾位準客戶準備投保

▶同事們之間分享上星期的個案

新世代早會

▶傳統早會 +

▶每個廣告的:

讚、留言和分享

播放點擊次數

連結點擊次數

總觸及人數,曝光次數

自主觸及人數,曝光次數

付費觸及人數,曝光次數

▶市場上有哪些值得參考的廣告

▶製作新廣告的主題

CHAPTER 4

保險理財行業（各行各業）
銷售上的難題

4.1 怕sell親戚朋友

表面原因

因為自己不適合做銷售，怕向身邊親戚朋友推薦保險理財後連朋友也做不成。擔心他們覺得自己Hard Sell。怕被別人說自從做保險後整個人轉變很大，面皮變厚等。

實際原因

因為連自己的內心也未認可保險理財，不認為保險理財是真正能幫到解決長遠生活的問題，所以才害怕向身邊人提及。簡單舉一個例子，假設你要銷售的是一台iPhone，你會害怕推薦給你家人、親戚、朋友嗎？我相信這個可能性十分低，因為大部分人都認同iPhone是一件優質產品，自然很放心推薦給身邊的朋友購買。

解決方法

真正認識保險理財到底怎樣能幫助一個家庭，要明白有做理財策劃跟沒有做理財策劃的分別。如今就算真的怕面對面做銷售，我們可以透過用短片及圖畫文字形式展示給身邊朋友或準客戶們。我們只需要把製作好的短片或文字內容發放到社交平台，如果身邊朋友們感到有興趣自然會繼續觀看或轉發給有需要的人，向你尋求更多的資訊或約見面商討。沒有興趣的人根本不會打開或看到中途發現沒興趣後自然就會關掉，不會構成任何Hard Sell。

怕開拓客源，怕交際應酬

表面原因

覺得自己個性比較內斂，怕認識新客戶和不喜歡交際應酬。

實際原因

本身的溝通及表達能力不太強，過往都不太善於交朋友，沒有找到適合自己的方法表達自己的想法或打開話題，導致有挫敗感慢慢便失去自信。

解決方法

任何事情都可以透過學習做到。我們可以透過培訓，學習與人溝通，如何交際，模擬情境演練，培訓成為交際高手，自然會喜歡上跟人溝通。就好像玩遊戲一樣，有一些人不懂得竅門自然會不喜歡玩遊戲。只要能夠掌握技巧，就取得成功感和滿足感。另外是我們提及到網上宣傳，只需要懂得利用網上宣傳，令準客戶們能夠搜尋到你，這樣就算不太會溝通都可以尋找到欣賞自己的準客戶們。

尋找客戶困難，我們把客戶吸引過來

當大家思想仍然認為尋找客戶是困難的事情，因為思維上面還是停留在我們要尋找客戶。我們的思維應該進步到下一個層次：From prospecting to attracting。

4.3
怕自己沒有足夠經驗應付客戶的需求

表面原因

覺得自己經驗不足,沒有豐富的人生閱歷去了解客戶所需,自己也不太懂得投資,對數字不敏感,難以給予適合的理財規劃意見。

實際原因

事實上理財保險規劃所涵蓋的內容非常廣泛,包括投資方面有:基金、貨幣匯率、環球經濟的趨勢等。保險理財方面有:基本的醫療疾病知識,哪些疾病可以受保,哪些情況下會有所限制;保單的運作以及理賠流程怎樣安排等等。一個新人會擔心沒有足夠的知識儲備回答以上問題。

解決方法

將上述所有要解答客戶的資訊內容,透過學習了解後拍攝成短片。哪怕自己對經濟、醫療危疾的知識尚淺,也可先行做好資料搜集,經過排練後也可以流暢地表述。當準客戶有任何提問時能播放短片讓他們了解更多。另外是可以透過我將會在第九章提及的服務平台,以合作模式帶同該項目的專家一同接見準客戶。

怕被拒絕

表面原因

覺得被人拒絕會覺得沒有面子,不被尊重甚至乎覺得好像有求於別人為自己買單。

實際原因

自己準備功夫沒有做好,無論在技巧層面、知識層面也沒有達到標準水平,沒有一個專業的形象也不夠說服力,讓客戶明白理財保險規劃對他的用處,才會輕易被拒絕。

解決方法

以網絡方式推廣,透過廣告自動引流系統推送給準客戶,只跟本來已經有興趣了解更多的客戶見面,大大減低了被拒絕的機會。

怕自己難在行業生存

表面原因

認為自己抱著試一試的心態,並不清楚自己是否真正適合,不知道自己能否勝任。

實際原因

對自己信心不足,擔心自己不能勝任所以害怕有任何承諾;擔心沒有足夠的客源,不知道客從何來;同時也對團隊沒有信心,感受不到團隊能夠協助自己解決困難,沒有看到這個行業的前景。

解決方法

- 找一個你認為適合自己發展方針的團隊
- 找一位你認為能帶領你在行業成功的師傅
- 願意花時間學習和改變

4.6

怕沒口才

表面原因

覺得自己的口才不佳，不懂得銷售。

實際原因

懶，沒準備。

解決方法

絕大部分事情都可以透過不斷練習來解決，練習演講如果一兩次也未能掌握技巧，那就請練習一百次。無論是任何話題，我很難相信練習一百次後還未能純熟。當然也可以改用預先設計內容的短片形式來表達。經過後期製作，所有短片不但可以確保資料的準確性，也可以確保演講時流暢度，不用再擔心自己的口才不佳。

4.7

怕沒人教

表面原因

傳統模式的團隊大多數都是單打獨鬥，各自經營。新人相對比較依賴直屬經理去教授。

實際原因

新人會比較被動，等待被安排去學習，也會怕問得太多打擾到別人。

解決方法

加入企業化營運的團隊。無論在產品層面、技術層面、心態層面等都由相關專業同事負責教授。新人只需要按著自己的時間表上課或向相關專業同事諮詢，並不需要等直屬經理有時間才可以解答。培訓內容也錄製好，讓同事在任何地方任何時間也可以重溫，不怕會不好意思打擾到別人。

怕太忙
沒有時間應接所有提問

表面原因

經營網絡營銷會容易吸引到大量查詢，有些可能出於好奇發問，有些可能是行家在探索，那當然會有一些準客戶諮詢。同時間大量查詢感到壓力。(我們有些同事為了避免太大量查詢，主動把廣告量調低。)

實際原因

沒有一個有系統的回答機制協助篩選查詢，以致自己需要為每一個資訊重新編輯或制定計劃書。花很多時間應對，未能有效地將時間分配到真正有需要的準客戶身上。

解決方法

其實太多查詢不是一個Happy Problem嗎？我們只需要配合平台化營運，當有客戶在網上提出查詢時，我們將客戶分流：保單服務查詢、儲蓄類型、投資類型、保障類型、其他雜項分類。經過分流篩選後，再交由團隊其他的產品專家、理賠專家甚至團體業務專家協助跟進，再配合團隊的後勤支援服務，就能安然應付每一個查詢。

4.9

怕客人「輸打贏要」
買完保單後說
你之前不是這樣說
說你詐騙要投訴

表面原因

同事都有機會擔心自己被「輸打贏要」的客戶投訴。

實際原因

在這行業十多年以來，我略聞過用詐騙手段來欺騙客人的理財顧問，也看過為了把保單的錢拿回來而用盡一切手段嘗試去誣衊顧問詐騙的客人。由於每個人的記憶力不同，所以大家所記得的「事實」也不同，所以很難分清誰對誰錯。

解決方法

我們可以透過製作短片或PPT簡報發給客戶。短片內容包括選擇產品的原因、產品的基本資料等。透過短片記錄來保護雙方的權益，萬一將來有什麼爭拗也可以用短片內容證明是否當初所說的一致。客戶也可以隨時隨地了解自己所購買的產品，畢竟多年後要回想時難免會忘記了一些細節。同時間也可以保存大家互相的信任，不至於由記錯事而發生不必要的爭拗，最後連朋友也做不成。

保險理財 · 2/5

Billy Ng 🌐

危疾保險你不知道的用途 2020 Billy Ng (必看)

Billy Ng
收看次數：4.8K 次 · 2 年前

醫療保險三大好處 20...

Billy Ng
收看次數：8.7K 次 · 2 年前

CHAPTER 5

24小時無壓力式
保險理財資訊平台10大賣點

5.1

賣自主
客戶自主的24小時
網上資訊平台

24小時無壓力式保險理財資訊平台就如香港很流行的購物平台HKTVmall、淘寶等。我們可以24小時上網查閱,即使在深夜凌晨時段都可以繼續查看商品,見到心儀的產品就即時加入購物車,選擇用自己喜歡的方式來結算及安排送貨時間。購物平台的好處是客人不會感到任何銷售壓力,由客戶自己去掌握時間、喜好、節奏,認為自己有需要才購買,全個過程都是自主性去做決定。在搜尋功能搜索自己喜愛類型的產品,喜歡比較多久也可,沒有任何人在旁催促消費。我相信這個就是未來世界帶給消費者美好的購物體驗。

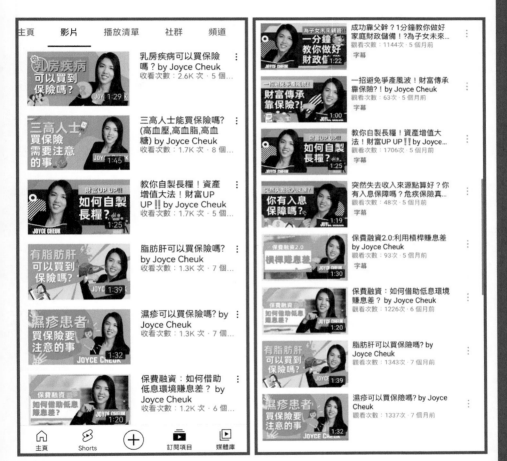

▲ 觀眾們可選擇自己有興趣的主題

 睡眠窒息可以買到保險
嗎? by Joyce Cheuk
Joyce媽媽保險理財站
收看次數：1K 次 · 8 個月前

 三高人士能買保險嗎?
(高血壓,高血脂,高血…
Joyce媽媽保險理財站
收看次數：1.7K 次 · 8 個月

 哮喘能買保險嗎? by
Joyce Cheuk
Joyce媽媽保險理財站
收看次數：997 次 · 8 個月

 蛋白尿能買保險嗎? by
Joyce Cheuk
Joyce媽媽保險理財站
收看次數：452 次 · 8 個月

 痔瘡患者可以買保險
嗎? by Joyce Cheuk
Joyce媽媽保險理財站
收看次數：196 次 · 8 個月

 胃炎能買保險嗎? by
Joyce Cheuk
Joyce媽媽保險理財站
收看次數：115 次 · 8 個月

 乙型肝炎可以買保險
嗎? by Joyce Cheuk
Joyce媽媽保險理財站
收看次數：130 次 · 8 個月

 痛風可以買做險嗎? by
Joyce Cheuk
Joyce媽媽保險理財站
收看次數：91 次 · 8 個月前

 BB有黃疸可以買保險
嗎? by Joyce Cheuk
Joyce媽媽保險理財站
收看次數：89 次 · 8 個月前

 腎結石可以買保險嗎?
by Joyce Cheuk
Joyce媽媽保險理財站
收看次數：82 次 · 8 個月前

 濕疹可以買保險嗎? by
Joyce Cheuk
Joyce媽媽保險理財站
收看次數：1.3K 次 · 7 個月

 脂肪肝可以買保險嗎?
by Joyce Cheuk
Joyce媽媽保險理財站
收看次數：1.3K 次 · 7 個月

▲「保不保系列」是在不同已有疾病情況下購買保險時是否能承保或
要注意事項的資訊性短片。

由於私隱問題，患上該疾病的觀眾不一定願意跟別人分享自己的情
況。透過自主觀看短片，可以自行了解核保的條件。當有需要時再主動
諮詢相關保險顧問。

5.2

賣信心
預先製作好的內容，
客人不再需要怕顧問
為了銷售
而有任何隱瞞或欺騙

為什麼說短片賣的就是信心？我們透過預先製作好內容，以短片去講解理財概念並發佈在網絡世界。由於在網絡世界大家也可以輕易看到內容，顧問們絕對不會因為想吸引更多潛在顧客而作一些虛假陳述或誇大回報等手段。因為這樣做隨時會被投訴及吊銷牌照。

過往也會有客人和顧問發生爭執，不是說客戶或顧問有心說謊，但畢竟人的記憶力是有限，也隨著年紀及身體情況而減退。所以我認為由短片記錄下，就算我們想改變之前的內容，也重返不了幾年前重新錄製，減低誤會。

5.3

賣概念
著重點是理財概念
而不是理財產品

根據香港法例規定，我們進行理財銷售過程之前，必需要填寫一份「Financial Needs Analysis（FNA）財務需要分析表格」。我們在銷售過程中，要符合法律規定，不能夠從講解產品開始。

因此在網絡世界上，我們不是在賣產品，而是介紹概念。透過講解不同的保險概念問題，例如一個人有購買和沒有購買醫療保險的分別，哪一類人士適合購買哪種醫療保險，當購買醫療保險時要注意事項，各種產品之間需要比較的細節。這些都是屬於理財概念的相關資訊。

除了保險概念以外，還有儲蓄類型的理財概念。我們可以講解：有什麼途徑可以有效地儲蓄，如何擺脫月光族，考慮將來退休時應作什麼準備，常見退休規劃忽略事項，通貨膨脹，人均壽命延長，醫療開支等。讓客戶認識理財相關的知識，更可隨時隨地翻看。

當然還有關於投資概念類別的短片：怎樣做到每月收息，怎樣透過金融資產令到自己資產配置更健康，如何分散風險等等。讓客戶先了解概念，從而按著自己的需要進行財務分析，繼而選購適合自己的產品。

5.4

賣方便
沒有時間地域限制

忙碌已經是香港人的生活常態，我們經常約客戶都有因忙碌而有推遲或取消的情況，當客戶真的是忙碌並不是有心爽約的，我們要怎樣打破這時間、地域限制？

透過預先準備的視頻，可以有詳細分析版本或1-3分鐘的精簡短片，任何人都可以在乘坐交通工具上班的時候觀看，理解我們預先為他製作關於理財的資訊，或者用幾幅圖片，令到他簡單認識相關資訊。

如果有一些資訊相對比較長，又沒有預留足夠的時間會面，我們就可以讓客戶分段聆聽，聽一次未必能全部理解，但視頻就可以暫停、放慢、重播，這樣就可以更清晰了解。我們按著以上方式去處理，就可以打破傳統時間、地域限制。而且當客戶想推介親友向你投保時，可以直接轉發你的視頻。畢竟要讓客戶把內容親口敘述一次確實有點難度。

5.5

賣準確性
只看自己有興趣的主題

在資訊氾濫的年代，我們只關注自己喜歡的KOL和聽取自己喜歡的資訊。如果聊到一些大家都有興趣的話題，誰人講解都可以。但如果遇上沒有興趣在投資理財方面的客戶，能否透過製作一些簡單有創意的視頻，以說故事形式由不同角度講解各類型的理財概念，也許能夠讓大家由沒興趣到有興趣。

客戶可以自由選擇自己心目中喜歡的KOL觀看，自主性收看自己有興趣的題目，從中得到資訊。例如現在我們經常看的網絡平台如YouTube、Netflix，已經逐漸取代電視節目。世界都朝著新的傳播方向進發，我們也可隨著趨勢預先創作自己的節目，待觀眾空閒的時候可隨時搜尋到我們。

5.6
賣有選擇權
選擇自己合適的顧問

過往我們的顧問大多來自身邊的朋友、同學、親戚等中間人介紹,有時會面傾談後發現對方未必真正適合自己。我們往往會因為異性性別互相吸引,又或者因為同性更聊得來更有信心。所以想要找到一個與自己年紀相仿、背景相近、又或者有相同興趣,合適眼緣的顧問,要符合以上的種種條件並不是一件容易的事。若透過線上模式,任何人都可以透過收看顧問預先製作的資訊及拍攝的短片來選擇適合自己的顧問。每個人都有選擇的權利,哪怕不敢主動認識顧問或開口請朋友介紹,都可以免去尷尬,在網絡上自主向認為適合自己的顧問作查詢。

5.7

賣高效
內容精簡「懶人包」

在資訊氾濫的年代，人們的耐性逐漸減退。例如我們在 Facebook、YouTube和IG看到不感興趣的內容，我們可能1秒鐘甚至更快已經略過。正因為大家的耐性有限，我們要製作更加精準的片段，有創意及容易明白的內容可以令到觀眾高效吸收想知道的內容。

現世代，觀眾們更愛看的是10分鐘講完一套電影的精華片，或者5秒便看得懂的「懶人包」。他們真的有興趣想更深入了解的話，那時我們才推介更深入的內容，更詳細的影片。透過這樣操作，利用更精準的內容，從而讓客戶們感受到我們用心創作內容，從中提高對我們的信任度。

5.8

賣簡易內容
協助客戶用「人話」理解

每一個中文字他們都認識，但加起來就不知道是什麼意思？

特別是一些產品小冊子，都要經過監管機構審核，令到文字內容相當複雜。在面對面的銷售過程中，我們的工作是協助客戶理解產品，客戶權益，面對什麼風險，樂觀及悲觀情況的預期收益等等。

客人本身不是從事理財行業，也不是資深投資者，大多數人也不太明白保單的細節和條款。而新同事往往都會用很多專業名詞給客戶講解，同時誤以為客人全部清楚明白。例如敘述保單以復歸紅利形式分紅，自願醫保系列保障未知但已存在的疾病，冷靜期和寬限期等等，這些大部分客戶根本聽不懂。所以我們希望透過拍攝短片，**減少用專業名詞而改用生活例子、淺白的詞語、圖像化，再配上清晰的旁述及字幕，令到每一位客戶都更加容易明白和理解。**

5.9

賣無購買壓力
沒銷售員在旁的壓力

我相信**每個人都想了解更多投資理財的相關知識，但往往不敢邀約理財顧問，**主要有幾個擔心的地方，他是否熟悉理財產品？他是否專業？會不會硬推銷？自己會否被騙？見面的話又怕不好意思拒絕，既然有這麼多顧慮和害怕地方，倒不如就直接不約，這個就是**傳統模式的弊病。**

無壓力式理財資訊平台就是客戶可以自由選擇播放，可以隨時暫停或選擇收看另一位理財顧問的影片，這就已經可以解決了有銷售員在旁的壓力。客戶可自行了解自己需要什麼，確定自己需求後再找一位自己認為適合的理財顧問，這樣就**不怕自己因為銷售壓力而做錯決定。**

5.10

賣平台式售後服務
世上再沒有孤兒單

有時客戶都會擔心購買了保險產品後，理財顧問離開了這個行業，自己的保單變成了孤兒單。或者成交後回應速度緩慢，或直接不再理會客戶，這個正是客戶擔心的地方。

平台式的團隊服務，讓客戶能享更優質服務

我們不單只提供顧問服務，平台上會有後勤同事一起提供服務，哪怕顧問在放假或正在處理緊急事情而導致不能立即處理客戶問題的時候，還會有後勤團隊幫忙。哪怕理財顧問離開了這個行業，平台的後勤團隊也可以為協助客戶重新挑選一位適合他的顧問，從而令到客戶對服務添加信心，也能根源地解決孤兒單沒人理會的問題。

Customer
Support.

CHAPTER 6
網絡營銷概念上的準備

清晰的發展藍圖

別人成功的路我們不一定能走上，只要不要走上別人過往已走錯的路，我們也定必不會走得太慢。

市面上有很多沒有做品牌定位及設計的店舖，他們都是在走惡性循環。

我經常在旺角看到新開設的台式珍珠奶茶店，偶然會看到一些店舖設計及裝修風格比較遜色，沒有個人特色，生意亦相對冷清，結果很快就會被淘汰。

跌入惡性循環的第一步是在於開設店舖前沒有一個清晰的發展藍圖、品牌定位、品牌設計等。很多人在創業前期，為了節省資金不願意花太多成本在設計及裝修上，導致店舖外觀簡陋。也有些店舖選用較難記的名字，有些甚連店舖名字的讀音也讓人搞不清楚。不願意花這些心思就是跌入惡性循環的根本原因。

屹立不倒的店舖都需要有獨特性，例如他們在店舖設計及裝修上相對比較有品味，是加盟連鎖店品牌，有著獨特的外賣杯包裝設計，店舖前經常排起長隊，生意火爆。他們都是有著清晰的發展藍圖。

從零開始到有機會完成一單生意，整個流程的路線圖應該是怎麼樣？

1. 根據市場統計的需求去製作符合市場需求的內容

2. 上傳到網上社交平台

3. 透過預先準備的保險理財資訊內容，讓我們成為能被搜尋的顧問

4. 透過投入廣告費可以把我們的內容主動推送到有機會有興趣的準客戶

5. 看過內容後，有興趣繼續了解更多的客戶會透過留言、DM進一步查詢

6. 透過各種社交媒體平台可以從多角度認識顧問，讓客戶可以選擇認為適合自己的顧問

7. 若顧問的回覆能令客戶感到信心，可相約會面詳細了解客戶的理財需求

8. 根據客戶的實際情況而提供切合客戶的理財方案

9. 讓客戶認識平台式的服務，感受更全面的服務

10. 客戶投上信心的一票，委託成為他的理財顧問

11. 客戶對服務感到滿意，為顧問留下好評及把你推薦轉介紹給其他人

網絡營銷 Checklist

需要認識的各範疇：

▶整體營運概念，銷售流程

▶前期準備工作 — 平台定位，資金預算

▶創作層面 — 設計，美工，標題，內容

▶ 製作層面 — 器材，拍攝，收音，後製，上傳

▶ 技術層面 — 廣告投放，SEM，SEO

▶ 專業層面 — 回覆客戶問題，數據分析

▶管理層面 — 如何制定KPI，定期檢討

較有規模的生意都配備以下條件：

✓ 能解決人們生活上的問題

✓ 有發展方針

✓ 有發展理念

✓ 有服務承諾

✓ 有市場策劃

✓ 有破舊創新

✓ 有營運配套

✓ 有執行力

✓ 有定期檢討

6.3

品牌定位
及內容創作方向

品牌定位是什麼？

品牌定位是企業品牌化的第一步，透過品牌定位，幫助品牌找出競爭市場中的優勢位置及目標客群，確立品牌的理念方向，並將品牌形象種植在目標客群的心中。透過視覺方面的Logo設計、配色、字體，以至品牌的標語、核心價值，向準客戶們傳遞服務的承諾。

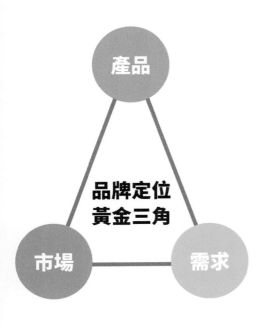

What
你可以成為唯一的優勢？

How
要如何成為這一個唯一？

Who
未來主要的消費群眾是誰？

Where
期望的市場範圍目標在哪裡？

Why
消費者為什麼需要你的品牌？

When
消費者在什麼時候需要品牌？

6.4

參考淘寶成功的
5大精髓

1. 精美的視頻

清晰地介紹產品的內容及優勢。

2. 精美的圖片

清楚地展示商品質量的高解像度圖片。

3. 仔細的文案

充足的內容，清楚地表述產品的細節。

4. 賣家的正評

由來自各地的買家對賣家的服務及產品質素的評價。

5. 買家秀

因為擔心廠家會擺放一些貨不對版的圖片，但透過買家秀

就會知道客戶收到產品後的真實圖片。

這5大元素就是淘寶令到大家可以放心跟陌生人做交易的重要因素。

假設回報為 **7%**

拿到 **8百萬**

65歲退休

就可以退休時拿回800多萬

WEALTH
TV

以實報實銷形式賠付

醫療保險

VS

危疾保險

以一筆過現金形式賠付

但危疾保險是以一筆過賠付現金形式付予你

JOYCE媽媽
保險理財站

如何選擇適合的
收息產品？

適合自己的收息產品呢？

6.5
自媒體力量
KOL網紅
成主流消費參考對象

現在我們大部分人一看到廣告就自動築起城牆分隔，也不太喜歡看植入式廣告。反而大家傾向較喜歡看用家分享，正是小紅書的特點，他們主張引用用家分享，不一定要明星才能成為代言人。**素人寫的評論更有真實感引起共鳴。**因為明星拍廣告就意味著收了廣告費用，自然立場就代表賣家，反而令客戶有防備心。

反觀素人的分享論點提供了不一樣的角度、層次，兼具經驗分享、獨特心得分享，站在用家角度去帶領大眾觀看、思考或分析事物。這些人不一定像明星追隨者數目眾多，但意見能影響大眾的觀點，而非純廣告，他們大都是內容創作高手或者屬於表達能力高的人群，未必有專業的圖片、影片，因為過分完美反而會令人聯想是商業廣告，這亦是為什麼國內的自媒體市場愈來愈流行。

KOL在消費者的決策過程中擔當著一個重要的角色，大部分人都沒有一個明確的購物方向，不是所有人天生擁有潮流的觸覺和敏感度，知道用什麼好物，買什麼新潮物品，吃什麼熱門餐廳。**世界都是八二定律，**兩成人擔當領導者，八成人飾演支持者。支持者未必可以自行探索個人的心理和需求，領導者成為模仿對象。因此我們都傾向參考一些明星、KOL他們所用過或推薦的產品，從中再決定是否要購買。

在中國內地已經有不少實例，證明了這個方法的可行性，例如小紅書有不少素人運用自媒體力量達成收入年薪過百萬的夢想。當中不乏出色的KOL，例如內地10大主播之一「唇膏王子」李佳琦，以賣唇膏成名的他一場直播可以帶來過億的銷售額；劉德華也曾在抖音內賣電影戲票，他的直播還沒有開始已經售罄，這些都是網紅經濟年代中的特別例子。

6.6 把廣告轉化成生意

在較早前的章節也提到Google好像在「偷聽我們的對話」,也有在收集「用戶行為模式」的大數據,了解我們的行為模式之後,就會分派一些適合我們觀看的廣告到我們的帳號。

如果客戶對主題有興趣的話就會觀看,觀看後想進一步了解內容,便會發起查詢。大部分客戶都是精明的消費者,查詢時也會了解一下這個顧問、團隊,想知道是什麼公司,這個公司是否真實存在和可靠?是否一家真實的公司還是騙人的網站?透過不同的搜尋器查閱它過往有沒有不良的評價和投訴,有沒有存在違規行為等。

客戶在網上了解到公司及理財顧問有不錯的評價時會透過理財顧問提供產品方案,回覆的速度和答案是否快而準確,不斷的回覆交流也是客戶考察顧問的標準。

當客戶有了解更多的意向,成功約客戶的機會越大。

這也不代表一定能成交,也需要根據實際的見面情況,我們能夠提供怎樣的方案。當客戶覺得整體方面都是妥當的,自然就有信心委託你成為他的理財顧問。

這是一個網絡銷售藍圖，每一環節也非常重要，不是說隨意拍攝影片和圖片就能有生意。就算有也是很偶然，運氣很好的小概率而已。大部分客戶都是精明消費者，他們都會查詢和了解清楚後才決定是否消費，所以我們要清晰整個藍圖，把每一個細節做好，才能提升我們成交的機會率。

CHAPTER 7
成為保險理財KOL
(Wealth KOL)

為什麼要成為WKOL？

每個人都能成為有影響力的人。

WKOL是什麼？
Wealth x KOL= WKOL

有些KOL由出道開始就紅到半邊天，成為代言人拍廣告拍電影賺大錢。也有些KOL替品牌拍硬照、出席活動或帶貨等。工作比較輕鬆但比較被動，收入不穩定，欠缺持續性，沒有一個真正屬於KOL的Career path(職業生涯)，也沒有像大公司的醫療及退休保障福利等，因此眾多人對KOL的長遠發展有所疑惑。

怎樣可以解決這個問題？

KOL可能本來已經有不錯的外形、個人特質、性格魅力等。對一個已經有一定粉絲數目的KOL來說，每一個發帖或影片都有一定數目的人瀏覽，在擁有流量的情況下，發展哪個行業最能把到流量實現成為價值？

用KOL身份從事保險理財行業 = WKOL

WKOL是以財富管理為主要業務範疇的網紅，在《2.1為何用保險理財創業？行業5大特點》有提及用保險理財創業的5大特點。市面上確實

很難再找到一個像保險理財行業這樣投資門檻低、回報高的行業。

大部分人都知道保險理財行業的前景不錯，相對的賺錢能力比其他行業較高。過往都可能不乏有朋友邀請過KOL們加入保險理財業，但當KOL們一想起自己本身並沒有客戶基礎，又沒有前線銷售經驗，還要重新學習金融知識，考取專業牌照，一想到所有事情要從零開始就會有卻步的念頭。

如果有一個平台可以協助新人或KOL解決有關《3.6傳統營運模式 vs 新世代營運模式》的所有問題，是否會比較容易開始？

WKOL的三大發展方針

建立個人品牌提升影響力

打造自動引流生意系統

實現你影響力的價值

1.精準的數據分析研究：

- 通過投放廣告獲得精準數據
- 分析過往結果，整合經驗，研究出營銷策略
- 透過數據分析達致廣告的最高效能(顏色、字形、設計)
- 藉著數據推送到目標客戶群

2.專業團隊製作：

- 前期(文案、器材、燈光、字幕機、拍攝)
- 後期(影片後製、發文、推廣)
- 跟進(客戶預約、財務計劃書、文件準備)

3.專業財富管理平台：

- 理財知識
- 產品知識
- 資產配置
- 風險管理

7.3

外形平凡
是否不能成為KOL?

一般人認為能夠成為KOL的先決條件，一定是外觀出眾才能吸引到粉絲，就好像模特兒和明星一樣，對外表一定有要求。但事實並非如此，出眾的外表只是其中一個吸引之處。反觀**現在比較多追蹤人數的KOL都是有特定的人設，在某一個領域能獨當一面或有特別的技能**而成為比較多粉絲的KOL。

○ ○ ○ ○ ○ ○ ○ ○ ○ ○ ○ ○ ○ ○ ○ ○ ○ ○ ○

現在比較多粉絲追蹤的KOL類別：

✓ 知識類　　　　✓ 喜劇類

✓ 技能類　　　　✓ 顏值類

✓ 才藝類　　　　✓ 懶人包類

✓ 創業類　　　　✓ 心靈雞湯類

✓ 生活智慧類

7.4
WKOL的培訓內容

- ✓ 網紅KOL入行速成班
- ✓ Facebook內容營銷速成班
- ✓ Facebook廣告投放速成班
- ✓ Instagram營銷速成班
- ✓ YouTube營銷速成班
- ✓ 抖音TikTok營銷速成班
- ✓ 小紅書營銷速成班
- ✓ ClickFunnels 獲客成交系統速成班
- ✓ 自動引流吸客系統速成班
- ✓ 文案秘技速成班
- ✓ 網上推廣數據營銷速成班
- ✓ 廣告內容轉化提升工作坊
- ✓ 銷售型文案技巧速成班
- ✓ Chatbot 聊天機械人速成班
- ✓ WhatsApp營銷速成班

- ✓ 個人品牌自媒體營銷速成班
- ✓ 品牌形象設計速成班
- ✓ 市場定位策略速成班
- ✓ 創意營銷構想速成班
- ✓ 內容策劃師速成班

- ✓ Wix 簡易網站設計速成班
- ✓ Canva自助平面設計速成班
- ✓ 手機拍片速成班
- ✓ 環球影片創作趨勢速成班
- ✓ 商品手機攝影速成班

- ✓ 銷售心理學速成班
- ✓ 廣告心理學速成班
- ✓ 個人口才魅力工作坊
- ✓ 面對面銷售力速成班

創業家
START UP GROUP

課程的內容都是來自於坊間一個知名培訓集團 —「創業家」

7.5

WKOL 10大成功要素

1.專業形象指導	為妝容、髮型及服飾提供專業意見
2.攝影團隊	打造個人品牌及專業形象
3.內容製造團隊	編寫文案內容
4.後期製造團隊	剪片、字幕、配樂、效果設計等
5.演說培訓	提升公開演講技巧
6.精準數據分析	高效地發掘潛在客戶
7.SEO優化廣告投放	有效提高曝光率及增加流量
8.粉絲成長追蹤	追蹤粉絲人數增長速度
9.保險理財專家團隊	為WKOL的客戶提供專業理財建議
10.後勤行政團隊	為WKOL的客戶提供優質客戶服務

個人網站

製作個人網站

由於其他社交平台都是由他們所設計的方式去展示內容，所以如果我們想整個內容版面都是經由我們自己設計和任意加自己喜歡的內容，最好的方式也是透過個人網站來呈現。

全球化的電子名片

過往我們在見陌生準客戶時，由於我們互相不認識對方，可能大概要花15分鐘去介紹一下自己各方面的能力和經驗。現在我們有更高效率的方法，在見面前先把我們的個人網站發給將會跟我們見面的準客戶，讓他先行對我們有初步的認識。

像我的個人網站www.billyng.com加入了我個人的背景簡介、過去及現在的職銜、專業資格、入行經歷、學歷水平、參與項目、發展藍圖、我的個人價值觀等。相冊中加插了過往我在行業發展十多年來的照片，好讓任何人也可從各個角度去認識我。

www.billyng.com

理財服務2.0

吳屈奇 | BILLY NG

我的理念

關於 Billy

AIA香港友邦保險 區域總監

畢業於美國加州州立大學洛杉磯分校 電腦資料科技，2006年
從美國回港並加入銀碼投行界，前香港主板上市金融事業專業
董事及持續人售獲中視團隊超過300人經歷，以錄私級4年半持
舉番外達强(行業最年輕總監之一) MDRT百萬園會會會 2015
2022，曾榜AIA友邦ALSTAR明星盟區獲為年度香風區業總區

* CPB認証私人銀行家
* 中國証券理財規劃師
* 香港大學-公共及工商管理碩士研究生
* 美國加州州立大學洛杉磯分校 電腦資料科技
* 前香港主板上市金融集團國際營事及持續人
* 榜覽株林威景國際會出成就獎，青年領袖大賞 2013

13年擎展史(圖片)

理財服務2.0

首創無壓力式理財咨詢平台

社會上不缺乏保險及理財的知識，
缺乏的是讓人安心了解的方法。

監管機構能完每位從業員認識客戶
但你"認識"你的理財顧問嗎？

無壓力式保險資訊平台
成立原因

顧客眼中，
怎樣挑選好的顧問？

責任感強   專業知識   自我操守

回覆快・有交帶   主動解決問題

新世代環境下，如何選擇合適的理財顧問？
過去過大部分敢群身信構成，哪五，同學身邊朋友推介同事，或能
把你需要的東西推給他們推薦的過商差易標合自己，因
此你需要了解顧問的背景，理念及價值觀。

理財一分鐘

＜香足您的理財知識，理清各財迷思陷阱＞

認識 CircleDNA 基因檢測之謎 Billy Ng

本段影片請與商業意，初初自我認識的NDA基因的基因檢測的技術從
其公司基因技術資訊的技術介紹說明。我因你影響很重要以及
生活習慣等的DNA測試基因片用認識自己。

**Billy Ng 榜挑選吳先生 發林威景國際榜成
就獎 青年領袖大賞 (2020)**

2020年，吳先生本人生之合的基因檢測發現。的推薦人當
介。初初自我認識一些種種幫助心成現狀，或助
心部大會運動人物人。

**Billy Ng 無壓力式在線理財資訊平台
2020**

2020年，此段影片是本人介話解釋無壓力式理財資訊，此一種一位
是在一個新平台的理財介意。初新一種新的介入此。
新型app內，第三理財方式的DNA財務及一，可行在因由平台
過想。公司初初介一之樣如此此，所有介可以從。

醫療創傷三大好處 2020

2020年，一種部分事及本的介理行行醫因的介初此新的
新介以，初初本一 Billy Ng 此人公司在初此關財醫。
二大介初此行。

網站中提及到服務理財2.0的服務，創建無壓力式理財資訊平台的原因，在網站上有講述一個好的顧問需要具備的條件，包括需要責任感強，具備專業知識，有良好操守，回覆快，有主動解決問題的能力。

網站內有多條短片講解我的服務範疇，包括個人理財服務、家庭理財服務、風險管理、健康管理、企業方案等。分享我對各方面的價值觀，理財心得、管理哲學、健康管理，健康與保險之間的重要性，以及我的最新動態。網頁也加入我的Facebook、IG、YouTube Channel、WhatsApp的連結。好讓客戶有方法可以跟我互動，也可以直接透過網站的留言系統跟我聯繫。

JAY LEUNG

聯絡JAY ☰

關於JAY

AIA香港友邦保險ALLSTAR明星區 - 高級區域經理

在**2004年**踏入社會的第一份是地產經紀，
幾年間範疇由住宅到商舖都得到理想成績，
蟬聯多月最佳營業員。
由**2009年**開始金融事業，
由銀行、中介人、保險、外匯、中小企業融資等，
在中港也有管理超過**300人**經驗。
現為**AIA**友邦年度百萬圓桌區域**ALLSTAR**明星區一員。

- 維多利亞青年商會-社會發展董事及副會長
- SDG企業大獎團委會主席

發展點滴

SCHUYLER YONG

ALLSTAR團隊　聯絡我

SCHUYLER YONG
理財服務2.0

我 的 理 念

SCHUYLER YONG ☰

ALLSTAR團隊　聯絡我

關於Schuyler

AIA香港友邦保險 高級資深區域經理

- 特許財富經理 Chartered Wealth Manager™
- 前香港主板上市金融集團聯席董事
- 大灣區青年總會理事
- 美國懷俄明州立大學工商管理碩士 - 首席榮譽畢業
- 美國懷俄明州立大學電子電腦及管理信息系統系 - 首席榮譽畢業
- MENSA® 會員

AIA Premier Academ

發展點滴

Facebook專頁

設立個人Facebook專頁的用途？

我們的準客戶不會一開始就瀏覽你的個人網站，因為他們還未認識你，當大家在無聊想輕鬆打發一下時間的時候，就有機會瀏覽Facebook。如果客戶有關注追蹤你的專頁，便有機會看到你更新的內容，從而令準客戶們更認識你。

還未關注追蹤你專頁的，可以透過投放廣告，把你專頁的內容推送給系統幫您挑選的人。

專頁的動態消息內容可以是你的個人視頻，內容講解理財概念、健康管理等，帖文更新可以是你的生活點滴、個人成就獎項、公司團隊成員活動等，將自己更頻繁曝光在你專頁追蹤者的日常生活，定期更新將有利客戶快捷緊貼你的個人最新資訊。

我專注為一眾父母設計理財方案，將孩子放第一位，您當然希望給他們最好的教育和保障。保障孩子在成長過程中擁有豐富資源，掌握機遇。

想為你與家人提供穩固的財政保障？

你不理柴柴不理你 理財族
408 個讚 · 正在追蹤 107 人

發送訊息　已說讚　Q 搜尋

貼文　關於　Mentions　評論　服務內容　追蹤者　更多 ▾

簡介
希望透過短片用另一個角度比大家扒多啲金融保險理財資訊 歡迎大家賞臉
？

ⓘ 粉絲專頁 · 理財顧問

◈ 尖沙咀

★ 沒有評分（0 則評論）ⓘ

貼文
↑↓ 篩選條件

置頂貼文

你不理柴柴不理你 理財族
2021年8月21日 · 🌐
APPLE LAU金融保險一二事
第一章 落地空姐的職業規劃
諗大概就是年齡吧！青春什麼的沒關係，我要的是工作經驗和學習機會，…… 顯示更多

相片
查看所有相片

落地空姐
職業規劃

APPLE LAU 金融保險一二事
2019-2021 MDRT

條款 · 政策 · 服務條款 · 廣告 · Ad Choices ▷ · Cookie · 更多 · Meta © 2022

7.8

IG

現世代年輕人可能比較多用IG，用IG的頻率比Facebook高，IG在市場的佔有率亦都越來越高，是想打入年輕人市場的必然之選。IG以圖片美感為主，內容方面可以用一些專題形式撰寫，以簡單的圖像、容易理解且簡短的文字來展示給觀眾，更容易做到事半功倍的效果。

▲ 一個我好欣賞的IG，集設計美觀及內容豐富於一身。@sasa.insurpedia

SASA.INSURPEDIA

▲網絡營銷高手的IG，工作和生活都分配適宜，一年出超過8000個Story的帳號，成為行業上參考IG的指標。@boyitsang.hk

BOYITSANG.HK

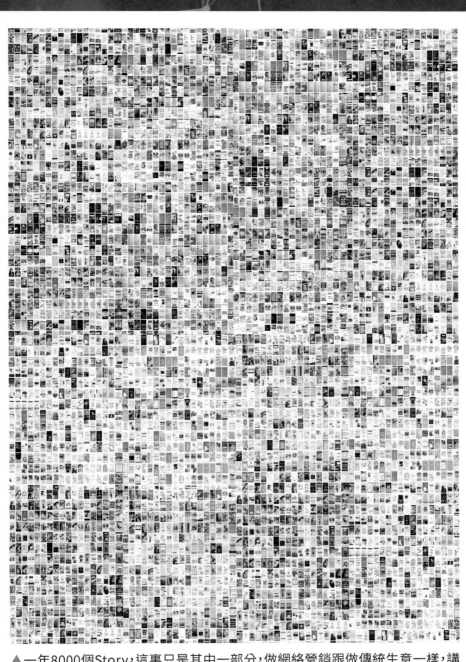

▲一年8000個Story，這裏只是其中一部分，做網絡營銷跟做傳統生意一樣，講求一個字，「拼」。

7.9

YouTube

影片可以分為二個模式：

製作精簡短片：

以簡而精的方式講述相關資料，短片控制在1分鐘左右。

拍攝詳盡片段：

也會有一些內容不是三言兩語便可以講得清楚，我們可以訪談模式去製作短片，讓觀眾們詳盡了解他們有興趣的主題。我亦都會拍攝一些生活點滴，希望讓觀眾認識日常生活的我。

主頁　**影片**　播放清單　社群　頻道

程美段Kiwi - 滑翔傘 Behind The Scence
收看次數：3K 次 · 1 年前　⋮

程美段Kiwi - 點解轉行做保險?
收看次數：3.9K 次 · 1 年前　⋮

程美段Kiwi - 為何要配置醫療保險?
收看次數：4.8K 次 · 1 年前　⋮

程美段Kiwi - 香港 茂宸晉康 醫療中心 體檢前參觀
收看次數：1.5K 次 · 1 年前　⋮

程美段Kiwi - 醫療保險 有事賠錢 無事儲錢 老了提錢
收看次數：1.5K 次 · 1 年前　⋮

程美段Kiwi - 無壓力式保險理財諮詢平台
收看次數：4.1K 次 · 1 年前　⋮

 主頁　 Shorts　＋　訂閱項目　媒體庫

主頁　**影片**　播放清單　社群　頻道

程美段Kiwi ｜如何選擇合適嘅團體醫療保險？｜團體醫保...
收看次數：209 次 · 1 個月前　⋮

程美段Kiwi ｜你有無入息保障？｜突然失去收入來源點算好...
收看次數：457 次 · 6 個月前　⋮

程美段Kiwi ｜保費融資2.0:槓桿賺息差！｜解構保費融資 資...
收看次數：582 次 · 6 個月前　⋮

程美段Kiwi ｜三高人士買保險有咩地方要注意？｜有三高到...
收看次數：324 次 · 7 個月前　⋮

程美段Kiwi ｜保費融資：點樣借助低息賺息差？｜究竟咁係...
收看次數：473 次 · 7 個月前　⋮

程美段 Kiwi 的人生價值觀
收看次數：3.6K 次 · 1 年前　⋮

 主頁　 Shorts　 ＋　 訂閱項目　 媒體庫

小紅書

小紅書是集網購與資訊於一身的平台，主要用戶來自中國內地，對於我們做網絡營銷而言，意味著可以開拓更加大的市場。小紅書更加著重自媒體的形象，注重用家的真實分享，讓你在個人分享生活話題中讓用戶藉此認識自己。

很多香港區用戶都以分享香港生活大小事，關於香港不同的資訊，主題也圍繞香港生活的小百科、生活點滴等，以輕鬆的方式認識你的價值觀。

欣怡在香港保險資訊

小紅書號：YYHKInsurance

IP屬地：中国香港 ⓘ

财富管理｜寿险业百万圆桌会员｜
☆香港中文大学硕士｜⛭英国兰卡斯特大学⛰美国普渡大学留学｜曾短居台湾｜一个让你买保险不踩坑的女子｜闲余分享香港打卡

♀ 白羊座   中國香港特別行政區   科普博主

113   2074   9159   發消息
關注   粉絲   獲贊與收藏

▲ 一位香港女孩拍攝以普通話講解理財小貼士為主的帳號，製作超過100+條短視頻，是行業內拍攝普通話短片的指標帳號。

CHAPTER 8
自動引流系統

8.1 自動引流系統的原理 (銷售漏斗)

自動引流系統將我們所創作的內容，透過廣告尋找指定目標對象，根據使用者的身份、興趣、瀏覽習慣，以及相關活動方式接觸他們，引起查詢意欲。我們需創作具吸引、有需求或近期熱門的話題，加強被搜尋的強度。當觸及潛在客戶的興趣，引起購物慾後想深入了解，他們會主動發訊息向你查詢。通過互動聊天後便會預約見面促使成交，以上就是整個自動引流系統的原理。

簡報視頻內容

1. 我們要了解市場需求、近期大熱話題
2. 撰寫吸引的廣告標題
3. 預先準備文案或者短片
4. 提供有效的解決方法，捉緊觀眾眼球
5. 一個廣告針對一個營銷目標
6. 明確指明你希望客戶做的事
7. 加入行動方法，讓準客戶完成消費過程

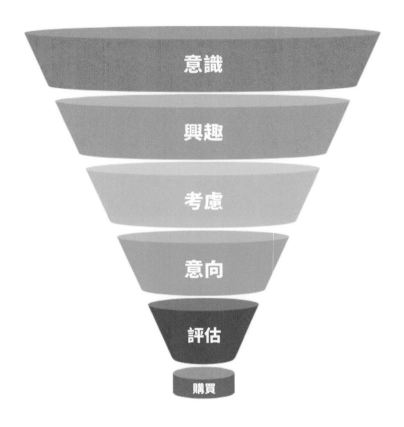

什麼是「銷售漏斗」?

上圖是一個銷售漏斗,圖中所見銷售是由意識開始,層層遞進直至成交。特別提到這個銷售漏斗,主要是因為很多拍攝者都有一個誤解,誤以為只要拍攝視頻再賣廣告,就會有相應的銷售效果。正確的銷售流程是要完成整個銷售漏斗的六個步驟,才能圓滿成交一單生意。

最上層 意識(曝光率)

首先,需要認識了解品牌,沒有人會對陌生產品立即有興趣。透過讓品牌不停曝光,見到數次以上後,才會意識到這是一個熟悉的品牌。

第二層 興趣

當潛在客戶看到你的廣告,了解它是一個品牌後才會感興趣,繼而想作進一步全面了解。

第三層 考慮

這是潛在客戶進一步思考的階段,衡量是否購買。

第四層 意向

在這個階段消費者決定購買或成交。

第五層 評估

購買過程中會對產品作出評估,衡量更多同性質的品牌商戶後,再作進一步購買。

第六層 購買

建立良好的客戶關係,讓顧客成為品牌維護者,才能成功讓品牌紅起來,這都是銷售重要的一環。

我們在設計銷售流程中,不能單單拍攝引流片段,更重要的是讓顧客認識你及你的品牌。

8.2 如何設計吸引的標題？

平鋪直敘的標題往往難以吸引客戶點擊。大部分人們會關心瀏覽的標題是與自己有切身關係、有價值事物、節省時間成本、優惠推廣等才願意花時間去觀看。

在標題中使用特定的數字和數據更容易吸引觀眾，主題可以用這幾個大方針帶出。

提示：

富人的5種思維模式

經驗：

我跟成功企業家學到的3個道理

技巧：

5個習慣脫離月光族

方法：

賺了人生第1個一百萬我做對了的5件事

原則：
銷售行業成功的5大準則

機密：
明星們不會告訴你的養生之道

策略：
2022年最流行的網絡營銷策略

懶人包：
10秒便看懂環球投資局勢

創作標題的方程式：
數字+形容詞+目標關鍵字+相關行動+結果

以下提供給大家參考：
4個選擇醫療保險不能不知的事

5個沒有管理強積金的惡果

投資虧損通常都犯下這5件事

▲ @talkhearttalkmoney

▲ @boyitsang.hk

▲ @tingtalk.hk

▲ @id.eserve

▲ @shibainu.mom

▲ @sasa.insurpedia

8.3 短片頭3秒就決定生死

在觀眾的耐性都很有限的年代，怎樣才能用最快的速度吸引觀眾的眼球？如果沒辦法在短片首1-3秒吸引觀眾的注意，就等同直接流失了看到你短片的機會。

剛開始還未有製作短片經驗的時候，我也試過在短片的頭5秒左右播配樂，同時展示Logo商標，再過2秒才說「Hello大家好，我是Billy」，到第10秒還未導出主題。這樣的短片基本上如果不是本來認識我的人，早就已經直接跳到下一條短片。

市面上很多時在製作短片首段都會作自我介紹。但在銷售心理學上，客人只會被自己有興趣的事，有關自己正在面對的煩惱的事所吸引。所以我們的短片開頭幾秒就要說出目標客戶相關的興趣位或痛點位。

例如：
你是否有脫髮的煩惱？
你的腰部及頸部是否經常感到酸痛？
你每天睡醒時是否依然感到疲勞？
50歲的你是否還未為退休而準備？
有三高症狀的你，是否為醫療開支感到壓力？

8.4

沒有做SEO
不要告訴我你有做
Online Marketing

SEO = Search Engine Optimization

我們精心製作了不同的短片、圖片及內容後,發佈讓人看見。

SEO(搜尋引擎優化)令大家在搜尋引擎中搜尋到你,讓你的排名可以推得更高,優先看到你的內容。這一點連結到之前提及的如何成為「能被搜尋到」的理財顧問。到底如何被搜尋到?首先要做好相關SEO的設定,以下我會有一些簡單例子去講解,我之前拍攝醫療保險、危疾保險、自願醫保(VHIS)視頻,我上傳YouTube之前做了一些SEO設定,當用戶在網上搜尋醫療保險、危疾保險、自願醫保VHIS關鍵字或詞語時,我的視頻都是排列在比較前的位置,特別是搜尋VHIS視頻,在YouTube搜尋頁面上排行第一名。

試想像每次在準客戶搜尋這個關鍵詞時,你都能夠排在比較前的位置,這樣能成功增強曝光率,增加準客戶認識或聯絡到你的機會。

要認識SEO就要先認識各大平台背後想做到什麼效果。不同的社交平台背後也有一個相同的目標,就是希望延長你留在平台的時間。因為你留在平台的時間越長,等於越有機會為你提供廣告從而賺取到廣告費。所以平台背後的人工智能會分析到底顯示什麼內容給你看你最大機會想看到的內容。

Google在搜尋方面就希望為你帶來最精準的搜尋結果,你下次便會再用它來做搜尋。Facebook、IG、YouTube是希望你逗留更長時間,所以它會分析你日常的行為模式來判斷你喜歡看什麼內容。包括你會看哪類型的人物、時事新聞、興趣等。

每一個社交平台都有自己獨特的SEO邏輯和內部評分。簡單以Facebook做例子,每一個張貼在Facebook的動態都會為它作一個內部評分,越高分的刊登會越優先顯示給你的朋友看,越多人點讚、留言、分享等於越高分,評分界定你的刊登是否屬於一個高品質和令人有興趣繼續看的內容。

總括來說，你是要想辦法令到成為高評分一族，讓平台給你流量優先顯示給其他人看。

由於這本書是以概念和方向性為主，如有興趣學技術層面方面，可以到我網站繼續學習。

www.billyng.com/onlineclass   Q

8.5

知己知彼
如何找到市場上
競爭對手的廣告作參考？

在Facebook有一個廣告檔案庫（Ad Library）的進階功能，透過搜尋相關字眼就可以查看市場上相關對手的廣告，內容清晰一目了然，廣告變得更透明化，你能看到對手所有廣告的相關資訊，包括動態去向、廣告設計、發佈內容等。

透過參考別人的廣告來增添自己對廣告創作的靈感

如果你是一位新手想以「強積金」的關鍵字來作廣告，只要在廣告檔案庫（Ad Library）輸入相關字眼，就可以搜尋到整個Facebook這個月內以「強積金」作關鍵字刊登的廣告，也能清楚知道市場上有哪些競爭對手。

香港 ▼　　☐ 所有廣告 ▼　　🔍 MPF　　　　　　　　　　✕

~110筆結果

These results include ads that match your keyword search
搜尋結果會顯示符合你的關鍵字搜尋和設定的廣告。

▼ 篩選條件

於2022年6月刊登

✔ 刊登中
2022年6月13日開始刊登
平台 ☐ ◎ ○ ◎
編號：5710482044440197

查看廣告詳情

$1,000,000 的紀念，提早 10 年達你不是夢

MPFSMART.COM
GoGoMPF App
MPF (強積金) 易搜尋・低購入・起碼累積你安心

✔ 刊登中
2022年6月12日開始刊登
平台 ☐ ◎ ○ ◎
編號：3890669806518421

11則廣告使用此廣告創意和文字

查看廣告詳情

Free metal repair gel is a great alternative to welding
repair 👇 at https://bit.ly/3i2pMP9

✔ 刊登中
2022年6月12日開始刊登
平台 ☐ ◎ ○ ◎
編號：4245591492761 /8

查看廣告詳情

刊登中，此廣告刊登了數天！2022年開始
本公司為什麼使用創意影片，將省略大量高高高的開發！多
達泓萬日提供女員更加身體及泓100%擔保貸款
快速借及泓100%資料提供快借！？
救你來專網址看到新增政策擔保貸款
聯絡Whatsapp 55129529
https://wa.me/85295129529?text=你好A2C客戶廣告貸分期...

M.C Consultant　　　　發送 Whats...

✔ 刊登中
2022年6月12日開始刊登
平台 ☐ ◎ ○ ◎
編號：7546594323 /5588

查看廣告詳情

★★所有管理會計、財務主管、★★！
只要創業計及財務的正確和和諧和起夢 ◉ ？
立即聯絡CLG Group ◉！

◉ 定期批准外籍會計工作
◉ 定期準備會計項目
◉ 免卻自行穩帳所開時間
◉ 減省企業的穩建成本・有效善用資金
◉ 可以專注在更重要的業務決策

fb.com
Business

✔ 刊登中
2022年6月13日開始刊登
平台 ◎ ○ ◎
編號：4184212835111160

查看廣告詳情

bobfinance_
貸款

★1%的重要性★
「1%令我改參至200萬！」◉

好多人都對你強積金 (MPF) 係方唔放咗落度管理，淨
我打理，再來驚參本「穩贏」中
自由貸貸投入工的5%◉

✔ 刊登中
2022年6月12日開始刊登
平台 ◎ ○ ◎
編號：6833083927 88390

查看廣告詳情

1 ★ 貸款★ ◉ 和貸借貸・取消穩積金的中華易批明星
1 ◉

好了改善貸款！◉ ◉ ◉
好難講比你你本強積金的冇強積金的中！
今日6月開始，預科招攬三個快速借貸・立即借貸！
再急貸住穩積金和你水整獎得貸款

8.6

廣告管理：
數據、觸及率、轉化率

SEM=Search Engine Marketing

我們製作了內容後，除了靠SEO(搜尋引擎優化)免費推送之外，還可以透過付費主動推送SEM(搜尋引擎行銷)，一種增加能見度的方式或透過搜尋引擎的聯播網來推銷網站的網路行銷模式。

由於Google廣告需要有你自己的網站，YouTube廣告你需要有自己的影片，所以我們建議新手由Facebook廣告為開始，Facebook的廣告最為方便，簡單隨意放一張圖片或幾個字也可以投放廣告。

減低廣告費提高回報的方法?

廣告費要花得精明就要懂得廣告流程概念。投放廣告的效果關鍵在於你廣告設定的精準度。先要清楚你打算投放廣告的內容是針對哪一批的客戶群。然後針對式設置每一項選項，包括選擇性別、歲數、地區、關注群組、個人喜好等。

5 大常見廣告 KPI

1. CPM (Cost Per Thousand Impressions)

「每千次廣告展示成本」

每 1000 個潛在顧客看到你的廣告後，你需繳付的廣告費用。CPM愈低代表你的曝光成本較低。

2. CPC (Cost Per Click)

「每次連結點擊成本」

潛在顧客點擊你的廣告1次後你需繳付的廣告費用。CPC愈低代表你以較低成本吸引潛在顧客點擊你的廣告。

3. CTR (Click-Through Rate)

「點擊率」

廣告曝光後潛在顧客點擊廣告的比率。CTR愈高代表你的廣告愈具吸引力，促使較多潛在顧客點擊你的廣告。

4. CVR (Conversion Rate)

「轉換率」

潛在顧客看過廣告後完成特定動作，CVR愈高愈好，代表廣告愈能吸引潛在客戶按下你想他們去到的目標地方。

5. ROAS (Return on Ad Spend) / ROI (Return on Investment)

「廣告支出回報率」

每花 1 元廣告費帶來的總收入，例如 1:5 ROAS，即是每付 1元可換來 5元收入。

8.7
回答客戶的提問
是能約見的關鍵

關鍵點：**回覆快，回覆快，回覆快，**重要的事情要說三次。

現在的商業世界講求的是速度，就算你的回覆值100分，但讓客人等太久的話都已經找別家了。淘寶的商家在凌晨的時分也能做到接近秒回的狀態。就算不能以秒回的速度回覆，最少也不要過了幾個小時才回覆。習慣回覆快，機不離手絕對是現代電子商貿的第一優先。

我們經常收到準客戶不同形式的提問，我們的解答將會成為關鍵點。我們可以透過以下方式引領客戶：

把準客戶的問題分流

我們會建議大家預先設定不同的問題，使用提問方式確立客戶的需求。當他們點擊進來時，系統會展示你預先設定的問題來引導及協助準客戶發問。因為很多時準客戶都不知應從何問起或根本不認知自己的需求，透過協助問題可以更加了解客戶的真正需求。

建立回答問卷範例資料庫

當準客戶的查詢越來越多的時候，你會發現他們會問的問題都是差不多的。我建議可以把你回答準客戶的答案全部儲存起來，建立「回答資料庫」。以後就可以根據準客戶的不同問題選配適當的範例來回答，使回應過程更加流暢和能夠提供更準確詳盡的訊息給客戶，省時又方便。

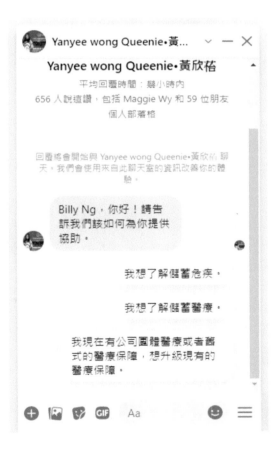

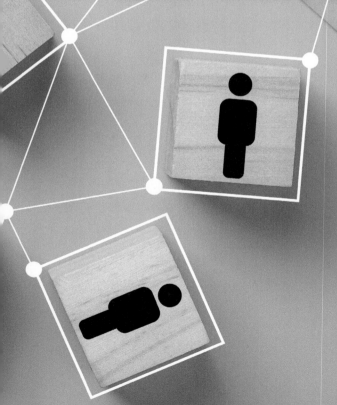

CHAPTER 9
平台式服務，世上再沒有孤兒單

9.1 平台式經營
(服務平台、RM / WKOL、產品專家Specialist、後勤支援)

我們應該怎樣服務好在網上的準客戶呢？最理想的狀態是在平台上有不同的客戶服務經理或WKOL互相分工，然後交給專員回答，第三步驟就是後勤支援，有人負責拍片，投放廣告，負責維護客戶角色。其次，WKOL不一定認識所有的產品，亦有新人加入，分給專員互相幫忙以一個合作的模式經營。同時也將專員分為4大分項專員：包括儲蓄退休型專家、保障類別專家、投資產品專家和工商管理類別專家。WKOL 和這些專項專家同事一起見客，這樣會更加高效率。

以前剛入行的新同事，不是一朝一夕能夠學到，就算學會也不能夠樣樣精。所以透過我們的合作模式，只要準客戶有諮詢，就有專項的同事幫忙解答和見客，達到互相共贏。

最後，處理好後交給秘書團隊跟進批單情況，安排身體檢查等等，這個組合能夠令到整個銷售流程順暢和有效。其後，客戶保單需要更改地址，提款或更改保單資料等服務，都需要一個團隊運作，企業化經營。孤兒單的情況亦會得到改善，不會因為有人辭職後服務就會受到影響，就算三個位置的人員都離職了，我們的平台都會有另一位人員補上。

平台式服務

製作計劃書

客戶觀看短片後，聯絡顧問最常見的情況是自己也曾投保過相關產品，現在沒有人跟進但又想更新保障；另外一種是從來沒有買過保險，一直想了解但沒有決定；從沒有保障或投資的概念。

對於還未能作出決定的客戶，我們明白其中一個原因是還沒有找到一個值得信賴的顧問。所以在計劃書設計上，專家顧問會花多一點時間摸索客戶實際需求來制定，例如客戶最初是從有關醫療短片而發起諮詢的，就需要了解更多他對醫療保險的觀感，從而按著方向篩選合適的計劃，到底選用消費型醫療、配搭儲蓄型醫療、傳統每項項目理賠類型還是自願醫療系列較適合。計劃書內再加以精簡易明的文字，使客戶既可以短片重溫保障概念又可以計劃書了解保障內容。

對於已有投保經驗的客戶，產品專家了解客戶需要後，將會制訂計劃書包括設計保單總結表，讓客戶能清晰知道自己累積了有效的保單，分別是在哪一間保險公司投保、現時保單價值、保障內容等資料。

將保單分為以下不同類別：

▶人壽保險

▶醫療保險

▶危疾保險

▶意外及傷殘保險

▶旅遊保險

▶儲蓄計劃

▶環球投資計劃

▶強積金及退休金計劃

透過保單總結表，客戶只需定期更新內容，把表格保存好並讓受益人或值得信任的人士也保存一份。萬一發生什麼大事情，而客戶的親友不認識他的理財顧問或不清楚他購買了什麼保障時，他們也可以透過表上的資料聯絡我們。

人壽保障

保障您的摰愛家人免受突如其來的事故而失去經濟支柱

醫療保障

當自己或摰愛不幸患病，您就要不時面承受醫昂貴費用的額外保障，提供周全保障，特設分項的足的的項或身旅，讓您和家人專注經濟健康。

危疾保障

為突如其來的嚴重疾病及兒童疾病提供即時現金及醫療建議支援，與您並肩度過難關。

意外及傷殘保障

面對各種未知的可能，意外及傷殘保障為您做好準備，讓您及您的家人可以輕鬆處理突發事故。

旅遊保障

盡享盡情投入旅程的每個時刻，包括24小時全球緊急支援服務，醫藥費用、住院現金、人身及財物遺失、旅程延誤及取消等保障。

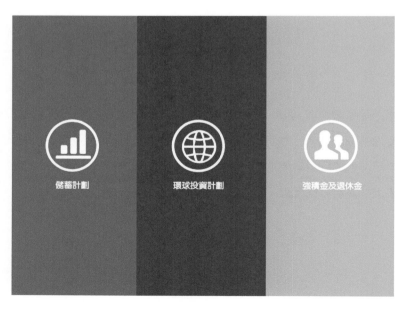

儲蓄計劃

環球投資計劃

強積金及退休金

後勤團隊協助保單跟進

後勤團隊可協助WKOL每張保單跟進的情況,由申請到保單維護都需要經驗豐富的人員協助,讓顧問可以花更多精神時間去拍攝短片和解答客戶問題。後勤團隊除了跟進保單的批核情況、安排身體檢查外,還會協助客戶不同的查詢和服務,當中包括理賠事項、提取款項、更改個人資料、更改受益人等。

在處理跟進事項時,客戶、WKOL、理財專家和後勤同事建立一個群組,將保單的服務流程透明化,服務群組的所有人都可以清晰知道整個投保流程和維護。

後勤團隊可協助WKOL更完善去服務每一位客人。比起傳統模式只能提供單對單服務,所有服務業都由一個人完成,當顧問放假或離職時怎麼辦?

平台式企業化營運,不會因為有任何人離職而影響到客戶,哪怕三個位置的人員都分別離職了,平台都會找到另一位人員補上,解決社會上存在孤兒單的問題。

製作購買後簡報視頻
避免將來不必要的紛爭

簡報視頻內容:

√ 選購了什麼產品

√ 產品的用途

√ 為何我們推介這個產品

√ 保障額

√ 保障範圍

√ 供款額

√ 供款年期

√ 預期回報

√ 預期退保價值

√ 參考文件的官方網站

在投保之後會有21日冷靜期。在這段期間我們可以根據客戶所選購的產品製作一段簡報視頻,讓客戶以郵件回覆確認收到。

藉此達到保障客戶和顧問，令客戶再一次清楚明白各方面的資訊和可以隨時檢閱自己當時買了什麼產品；令顧問的解說能夠被記錄下來，很多客戶在購買產品一段日子後，很容易忘記了理財顧問說過什麼。以我的經驗，當客戶想在保單提款時，但保單還在供款期內或沒有足夠金額可以提取。客戶往往就會說「明明當年你不是這樣說」，有時會麻木指控購買時沒有講清楚或投訴顧問隱瞞。也會有「輸打贏要」的客戶故意誣捏理財顧問為了銷售而故意說謊及隱瞞部分事情。當這些新聞被報導後，很多人會偏向相信投訴人就是受害者。老實說，我並不排除可能有理財顧問會說謊及隱瞞。但我絕對相信不會每一次都是顧問有詐騙行為。

建立這樣的簡報視頻有助保障雙方的權益及解決信任的問題，因為若干年後，倘若客戶忘記了或對顧問所敍述的內容有所疑惑，可以翻看當年的短片查看相關資訊。

客戶維繫
定期製作個人
及市場動態更新

傳統的客戶維繫方式,除了投保基金保單類型需要定期更新市場資訊,其它的例如人壽保單、儲蓄保單和危疾保單也不需要經常更新,可能只會偶然需要更改個人資料或更改受益人。不過我們都會建議顧問最少一年約見客戶一次,定期審視保單,提供服務。否則會導致客戶覺得購買保單後就沒有人跟進。但忙碌的都市人,就算我們主動聯絡跟客戶約時間見面,客戶也不一定能抽空出席。加上如果當顧問的客戶數目越來越多的時候,未能安排每一位也一年見面一次,這個問題可以怎樣解決?

顧問可以每一個月製作一條短片,講解市況或資訊性的內容,例如美金或人民幣升跌會否影響客戶的保單、最新的保險條款和公司最新的動向等,都可以與客戶保持維繫。同時也可以和客戶講述一下自己最近的工作內容和對市場的見解,相比傳統的理財顧問,這樣的模式可以在沒安排見面的情況也能加強客戶對顧問的認識及無間斷的服務。

善用免費雲端管理系統

⊞ Trello

以前在活動管理方面，大多數也只用Excel記錄資料甚至寫在紙本裏。現在大家可以嘗試用Trello這個軟件，它可以記錄不同的文字或圖片，亦可以分享給其他人作活動管理。同時也可以記錄準客戶的資料，方便大家跟進。而這個軟件是免費的，無論手機還是電腦都可以使用。

我們可以寫下一個清晰的路線圖給新人，提供一個明確的晉升制度，監督每月、每日的執行任務。我們透過Trello軟件將每年訂立的目標細分，寫下每月的「To do list」，規劃每周、每日的見客次數以及進度，亦提醒每周拍片、出廣告的時間和日子。也可以提醒顧問什麼時候跟哪位客戶聯絡及跟進進度。

使用Trello軟件的好處就是透過雲端分享，可以加入自己的夥伴、經理們或總監來分享內容。透過分享「To do list」、「Client list」、「Prospect list」，協助顧問跟直屬經理商討跟進事項。

CHAPTER 10
系統式複製
新手也能高效建團

10.1

過往保險業
未能高效建團的原因

邀請一個人加入保險理財業並不困難，但能讓他們在行業生存才是關鍵。

單打獨鬥

新手經理面對的困局是孤軍作戰，無論是培訓還是經驗傳授都只由直屬經理負責，沒人幫忙。由於一個人的時間、精力都有限，往往只能教完一位才再招募新成員，新成員加入後又忙於照顧和教導，就會忽略了現有成員的進度監察，難免令成績有所阻滯。

改由團隊合作模式經營的話就能事半功倍，每個經理分工合作，集中教授自己的強項，互相分擔培訓工作。有效槓桿時間，省下來的時間可以繼續開拓客源和認識新的準招募對象。

欠缺系統式培訓

新手經理通常都是偶爾有空才教一兩個小時，題目比較隨意，也沒有制定特定的Checklist，到最後也不清楚新同事已經接受了哪方面的培訓，有哪些欠缺。制定新人培訓Checklist，提供多角度全方位培訓，讓新人的進度能夠被監察和有序地進步。

欠缺高效複製方法

以往我們這個行業的獲客方式都是要不斷擴展自己的人際網絡，透過參加商會活動、參加不同的課程、參加朋友聚餐等方式來建立。但難免會有一些新同事不擅長社交認識新朋友。他們便無法用這個方法拓展自己的人脈網絡，未能有效複製生意模式。

加入網絡營銷模式，無論以傳統方式還是網絡營銷，新同事可以選擇他們認為適合自己發展的生意模式，兩種模式都有讓新同事可以複製的方法，反覆練習和實踐，從而提高生意的成功率。

沒有良好工作環境氣氛

過往很多人認為保險理財業不用上班，自己在外找到客戶就可以了。但當面對困難時，回到辦公室也沒有人在旁幫忙，也沒有找到解決問題的方法，這便是這行業流失率很高的原因。

事實上大家都需要借助環境氣氛來提升自己的士氣，成績彪炳時也有伙伴讚賞，遇到挫敗也有同行者教導怎樣改善。在一個良好氣氛的工作環境下，大家互相鼓勵，使新同事更懂得感恩，更團結，達致共贏。

新同事難得到成功感

惡性循環就是當以上那些範疇都欠奉時，新人就難以爭取成交。沒有成交就會失去自信心。難以得到成功感，同時也是離開行業的先兆。

10.2
高效的生意模式
更容易吸引有志者加盟

加入加盟店的好處是希望能夠運用別人創立並證實是成功的營運模式。

成功的加盟店都有一個系統可以被複製，無論產品、品牌形象、店舖的室內設計等都是可以參考，可以複製的。

對於保險理財行業同樣可以以加盟店形式經營，我們會提供課程教授如何尋找客源、提供線上線下培訓、教授草擬網上查詢自動分流問題、回應客戶提問等，同時也有產品專家和後勤團隊協助新人了解行業。

無論是設計個人網站、Facebook、IG、YouTube等都有範本可以直接複製或參考。拍攝短片時也會提供不同主題和文案，理財顧問只需選擇加盟「加盟店」就可以馬上做生意，不需要每個細項都由零開始。

MANAGEMENT

PLANNING

WEBSITE

SOCIAL MEDIA

TRAFFIC BUILDING

USER EXPERIENCE

CONVERSION
ANALYSIS

OPTIMIZATION
PROCESS

OFFLINE
INTEGRATION

10.3

清晰的發展藍圖助新人有效做好時間規劃

大部分進入保險理財行業的新人都曾面對同一個問題，就是不知道自己應該下一步怎樣做。不知有什麼要學，不知道有什麼問題要問。

✓ 市場需求

✓ 行業前景

✓ 行業痛點

✓ 痛點的解決方案

✓ 我們的優勢

✓ 合作模式

✓ 加入流程

✓ 分成制度

✓ 專業資格

✓ WKOL 新人班

✓ Career Path 規劃

✓ 個人定位及發展方針

✓ 拍攝造型照

✓ 拍攝100條短片

✓ 共同設計個人品牌

✓ 建立個人網站

✓ 建立Facebook專頁 + IG +YouTube Channel

✓ 建立小紅書 + 抖音

✓ 投資理財基礎概念班

✓ 金融知識班

✓ 產品知識斑

✓ 報考專業試

✓ 每月一至兩次拍片日

✓ 每月一至兩次直播

✓ 每月一至兩次嘉賓分享

✓ 每月一次銷售策略大會

10.4

完善的模板
新手也能輕鬆地
高效複製

簡單，容易，高效，可複製

大家都知道做網絡營銷的重要性，但限於創作靈感匱乏，很難大量製作高質素的圖像和有內容的短片。

由平台提供圖片、影片題材、台詞、網站設計等模板，稍為簡單修改顏色配搭、字型、圖像，這樣就能變成你專屬的專頁。整個過程既簡單又容易地複製內容，就可以輕鬆地開業營運，又省時又有效率。不需要花大量時間去摸索，已有系統及成功例子參照能輕鬆高效複製。

傳統醫療VS高端醫療
究竟有何分別？

WKOL

教育基金
為孩子做好規劃

致富秘藉
如何賺取第一桶金？

家庭保險超全攻略

理財計劃
實現你的夢想

強積金最強攻略

輸入標題
輸入標題文字

副標題

派息基金
月月有錢收？

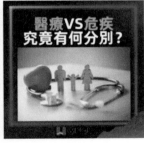

醫療VS危疾
究竟有何分別？

女性該買哪些保險？

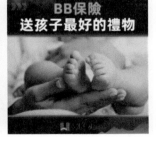

BB保險
送孩子最好的禮物

▲ 短片　　　　　　▲ 標題　　　　　　▲ 名人金句的模板

女仔要識理財的
9大原因

講心講金

你必須知道的
4個必買險種

講心講金

越窮越忙？
越忙越窮？

講心講金

你的選擇決定咗幾合 兩大部份人會...

將1萬蚊記低 → 咁多？
用1萬蚊買iphone → 冇問題

用5萬蚊開始學投資 → 遊�度有
用5萬蚊去日本旅行 → 遊度咁

用兩個鐘學習新技能 → 冇時間
用兩個鐘睇Netflix → 唔夠喉

一個月做$1000 → 冇問題
每日飲杯$40 Starbucks → 提神嘛

講心講金

香港大型保險公司統計
理想退休生活調查

講心講金

"選擇" 比 "努力"
重要

講心講金

人生的四桶金

應急資金 | 人生保障

平穩收益 | 進取收益

講心講金

香港人的旅遊至愛
日圓繼續貶值
對你的投資有什麼啟示？

0.061 港幣

講心講金

知識
是財富的根源

講心講金

投資
有邊5樣嘢要比較？

講心講金

n
f
t

目前最貴的NFT
6900萬美金

講心講金

大部份人都係比呢
三隻字害死？

唔 想 煩

講心講金

▲ 個人金句　　　▲ 新聞　　　▲ 理財知識的模板

10.5

全方位新人培訓
打造下一位明星總監

「知識層面」

▶ 金融工具知識—股票債券外匯

▶ 投資市場資訊—樓市

▶ 環球經濟狀況

▶ 樓市狀況—樓宇按揭

▶ 投資回報與風險比較

▶ 香港和國內保險的主要分別—保險條例

▶ 強積金，五險一金，社保醫保

▶ 財富傳承

▶ 稅制

▶ 理財策劃

▶ 健康與保險

▶ 如何運用理賠數據

「產品層面」

▶ 醫療

▶ 危疾

▶ 儲蓄

▶ 人壽

▶ 環球投資基金

▶ 銷售角度

▶ 產品比較

▶ 適合人士

▶ 常見問題

「營運層面」

▶ 核保指引

▶ 理賠程序

▶ 國內客戶來香港購買保險指引

▶ 高端客戶核保指引─財務報表，收入證明

▶ 投保人，受保人，受益人

「科技層面」

- ▶ Google Drive
- ▶ 社交平台管理
- ▶ 如何建立粉絲群
- ▶ CRM
- ▶ 客人對答FAQ

「溝通層面」

- ▶ 舒適的交談
- ▶ 說話的語氣、態度、速度
- ▶ 辯論能力
- ▶ 感染力

「技巧層面」

- ▶ 拓展客戶群
- ▶ 客戶分類
- ▶ 客戶關係維繫
- ▶ 演講技巧
- ▶ 銷售技巧
- ▶ 處理異議

「心態層面」

▶ 提高自信

▶ 訓練自我檢討能力

▶ 自我製造正能量

▶ 如何面對失敗

▶ 把責任放在自己身上

▶ 提升解決問題能力

▶ 決心

「行動層面」

▶ 如何訂立適合自己的目標

▶ 加強執行力

▶ 提高每次行動的效率

▶ 嚴謹對待每次行動

▶ 制定自我監察機制

▶ 經理攻略

▶ 總監攻略

「形象層面」

▶ 建立專業形象

▶ 培訓領袖性格

▶ 情緒管理

▶ 增強責任感

▶ 培養好學精神

▶ 社交平台管理

「招募層面」

▶ 如何建立自己發展團隊的方針

▶ 準備面試的問題

▶ 如何跟進面試溝通

▶ 如何從問題得知面試者的價值觀

▶ 如何挑選適合的同事

▶ 行業發展

▶ 各大寶號的發展優劣

2022 年1月

逢星期二每週大會 10:00-11:30am | Drill演練: 10:00am-12:00am 下午培訓: 2:30pm-4:30pm

星期一	星期二	星期三	星期四	星期五
3 友邦2022啟動大會	**4** 經理年度大會	**5** 醫療-Objection Handling 導師: Donald Lau 危疾銷售技巧 導師: Giselle Cheung	**6** 醫療-Cases Study 導師: Thomas Chui 危疾醫療索償分享 導師: Issac Lee	**7** 醫療-Referral 導師: Alan Tam MPF+稅務 導師:Daniel Ho
10 危疾-Product Presentation 導師: Hebe Cheung 一分鐘切入醫療話題 導師: Melissa Tang	**11** 每週大會 產品應用與保障設計 導師: Ruki Chan	**12** 危疾-Objection Handling 導師: Yannis Hung 醫療融資計算 導師: Pamela Chau	**13** 危疾-Case Study 導師: Donald Lau 平同基本法 導師: Dickie Chan	**14** 危疾-Referral 導師: Kelvin Mak 索然和如何智價待的比較 導師: Queenie Wong
17 2021 KICKOFF 有公司醫療就可以放心了? 導師: Manson Hung	**18** BP-Product Presentation 導師: Ravenna Ip 怎樣提升客戶對你的信任度 導師: Joyce Cheuk	**19** BP-Objection Handling 導師: Pamela Chau 如何有更多份轉介客戶? 導師: Schuyler Yong	**20** BP-Case Study 導師: Kelvin Liu 不同齡層的需要 導師: Alan Tam	**21** 醫療-Closing 導師: Nicolly Cheung 您為vs卓智 vs TMP 導師:Karen Ko
24 TMP-Product Presentation 導師: Elvis Cheung 剪片技巧 導師: Jason Chan	**25** 每週大會 股票/基金趨向分析(與衡市場升勢/跌勢) 導師: Victor Tam	**26** TMP-Objection Handling 導師:Fiona Chan Warm market 客戶開繫 - 運偈 導師: Boris Fung	**27** TMP-Cases Study 導師: Kenny Tang 家料未意疾病及友邦天裕未來的分別 導師: Eric Liu	**28** TMP-Cases Study 導師: Terence Yip 資產配置的心法 導師: Marco Chan
31 年30晚				

2022 年2月

逢星期二每週大會 10:00-11:30am | 上午培訓: 10:00am-12:00am 下午培訓: 2:30pm-4:30pm

星期一	星期二	星期三	星期四	星期五
	1 年初一	**2** 年初二	**3** 年初三	**4** 開年活動
7 Star Road: 商區之路 導師: Billy Ng	**8** 每週大會 Star Road: 進財金融工具-TMP的應用 導師: Elvis Cheung	**9** Star Road: 醫療 導師: Joyce Cheuk Star Road: 危疾 導師: Eric Liu	**10** Star Road: MPF+稅制 導師: Mason Hung Star Road:傳篇 導師: Karen Ko	**11** Star Road: 心理質素+傾商學原 導師: Schuyler Yong
14 I:理財策劃及投資的概念 導師: Thomas Chui P:Common Approach 導師: Kelvin Mak	**15** 每週大會 S:出戰情況、退休儲備的必要性 導師: Donald Lau	**16** P: 危疾產品內容 導師: Kelvin Liu I:金融市場必需學會的知識 導師: Elvis Cheung	**17** S:家族傳承/您托實業索案例 導師: Joyce Cheuk CS:掘用一般保險劃略更多客戶 導師: Rukia Chan	**18** P:危疾務級 導師: Melissa Tang I:深練-理財策劃及投資的概念 導師:Victor Tam
21 I:如何分析市場、選擇基金及投資分析 導師:Victor Tam CS:累積智慧-稽價與設計 導師: Issac Lee	**22** 每週大會 S:Drill(如何打穿做退休/儲富的話題) 導師: Hebe Cheung	**23** P:危疾/Drill 導師: Queenie Wong I:深練-基金介紹 導師:Marco Chan	**24** S:家族操局的異議處理 導師: Alan Tam P: 危疾/Drill 導師: Kelvin Mak	**25** S:Drill(無縫儲蓄、年期長、測評基金人先) 導師: Mason Hung I:基金與金攻略 導師:Marco Chan
28 I:深練(TA2 / U-Select) 導師: Boris Fung P:Common IPOS 導師: Nicolly Cheung			**S=Saving & Retirement** **I= Investment**	**CS=Corporate Solutions** **P=Protection**

逢星期二每週大會 10:00-11:30am　上午培訓: 10:00am-12:00am　下午培訓: 2:30pm-4:30pm　2022 年3月

星期一	星期二	星期三	星期四	星期五
Investment Saving & Retirement Corporate Solutions Protection	**1** 每週大會 利用Financial Freedom喚醒睡眠需求 導師: Donald Lau	**2** TMP 大師班 導師: Boris Fung Medical 產品內容 導師: Nicolly Cheung	**3** 怎樣創立一份好的計劃書 導師: Mason Hung 中小企貸款攻略及個案分享 導師: Daniel Ho	**4** 演練- TMP 導師: Elvis Cheung Medical 槓款 導師: Melissa Tang
7 TMP物無活化如何可以屢早供完樓 導師:Victor Tam Small test 導師: Pamela Chau	**8** 每週大會 Drill (計劃書演說訓練) 導師: Alan Tam	**9** Medical Drill 導師: Kelvin Mak 演練 -物業活化 導師:Victor Tam	**10** 高淨值資產人士的資產規劃 導師: Joyce Cheuk Medical Drill 導師: Nicolly Cheung	**11** Drill (如何探索客戶需求) 導師: Hebe Cheung Premium Financing 全攻略 導師: Kenny Tang
14 演練- Premium Financing 導師: Kenny Tang Medical Present 導師: Queenie Wong	**15** 每週大會 個案分析/拆解 導師: Donald Lau	**16** Common Claims 導師: Pamela Chau 演練課堂 1: 保討策劃及投資的概念 導師: Thomas Chui	**17** 退休/儲蓄醫療險種如何配合客戶需要 導師:Karen Ko (Drill) M戶開戶激討 + 抗疫基金 導師: Dickie Chan	**18** 產品內容 + 解讀Accident+HB+Term life 導師: Melissa Tang 醫療融資方案 導師: Rukia Chan
21 演練法2: TA2/U-Select 導師:Marco Chan Drill: Accident+HB+term life 導師: Kelvin Liu	**22** 每週大會 S: 克服未來gp變無償的應用 導師: Alan Tam	**23** Drill: Accident+HB+term life 導師: Pamela Chau 演練法法 3: TMP 導師: Thomas Chui	**24** 企業客戶? 導師: Rukia Chan 市面上現休工具選多 - 為何選擇保險 導師: Mason Hung	**25** Drill (醫療融資演說訓練) 導師: Hebe Cheung 演練課堂 4: 物業活化 導師: Boris Fung
28 演練課堂 5: Premium Financing 導師: Marco Chan Present:Accident+HB+Term life 導師: Queenie Wong	**29** Closing skill+Objection handling 導師: Kelvin Liu 達身訂做墨路醫療保險 導師: Issac Lee	**30** 怎樣介紹一份計劃書 導師: Mason Hung Common Big test 導師: Pamela Chau	**31** 大額壽險/儲蓄險的檢保流程 導師: Joyce Cheuk 康健無知 導師: Rukia Chan	

逢星期二每週大會 10:00-11:30am　Drill演練: 10:00am-12:00am　下午培訓: 2:30pm-4:30pm　2022 年04月

星期一	星期二	星期三	星期四	星期五
Investment Saving & Retirement Corporate Solutions Protection				**1** 宏觀職說・退休儲備的必要性 導師: Donald Lau 理財策劃及投資的概多 導師: Thomas Chui
4 理財策劃及投資的概念 導師:Elvis Cheung 認識新朋友 導師: Kelvin Mak	**5** 清明節	**6** 每週大會 家族傳承/借比實踐案搞 導師: Joyce Cheuk	**7** 危疾覺伴航覺知多少? 導師: Kelvin Liu 風險醫療 - 製傷與設計 導師: Issac Lee	**8** Drill (如何開始退休儲備的路徑) 導師: Hebe Cheung 演練 - 理財策劃及投資的概念 導師: Boris Fung
11 基金選擇及技術分析 導師:Victor Tam 深購求了解危疾 - 危疾 (愛伴航) 導師: Melissa Tang	**12** 每週大會 儲蓄的美滿底蓋 導師: Alan Tam	**13** 陳用一般保險劃拖更多客戶 導師: Rukia Chan 演練:基金介紹 導師:Marco Chan	**14** Drill (處理客戶異議的訓練) 導師: Mason Hung 零距離與客戶危疾 保障需求 導師: Kelvin Mak	**15** 復活節
18 復活節	**19** 每週大會 基金產品導航 (TA2 / U-Select) 導師:Marco Chan	**20** 危疾 成功現唱危疾例子分享 導師: Queenie Wong 利用financial 導師: Donald Lau	**21** 怎樣創立一份好的計劃書 導師: Mason Hung 中小企貸款攻略及個案分享 導師: Daniel Ho	**22** 演練: (TA2 / U-Select) 導師: Boris Fung 陳用危疾 危疾倒傳與認說硬體 導師:Kelvin Liu
25 Drill (計劃書演說訓練) 導師: Alan Tam 如何啊心應字受用IPOS 導師:Nicolly Cheung	**26** 每週大會 激泉基金工具 導師: Boris Fung	**27** 腦練計劃書產品大對戰? 導師:Nicolly Cheung MPF開戶資程 + 抗疫基金 導師: Dickie Chan	**28** 演練 - TMP 導師: Elvis Cheung 高澤值富豪人士的資產規劃 導師: Joyce Cheuk	**29** Drill (如何探索客戶需求) 導師: Hebe Cheung 深購求了/無醫膚條欸 導師: Melissa Tang

逢星期二每週大會 10:00-11:30am　Drill演練: 10:00am-12:00am　下午培訓: 2:30pm-4:30pm　2022 年05月

星期一	星期二	星期三	星期四	星期五
2 勞動節補假	3 每週大會 需要分析/拆解 導師: Joyce Cheuk	4 Drill Session: 企業客戶 導師: Issac Lee 物業話化 導師: Victor Tam	5 考考你保障愈益? 導師: Nicolly Cheung 退休/儲蓄險如何配合客戶需要 導師: Donald Lau	6 演練 - 物業話化 導師: Elvis Cheung 精說專業 點梦醫療需要你? 導師: Queenie Wong
9 佛誕	10 每週大會 醫療融資方案 導師: Mason Hung	11 先機未來/品與/繁榮費的運用 導師: Alan Tam Premium Financing 全攻略 導師: Kenny Tang	12 福設醫療點樣住院應至數? 導師: Kelvin Liu 度身訂做團體醫療保障 導師: Rukia Chan	13 Drill (如何對網絡訴朋的話題) 導師: Hebe Cheung 演練 - Premium Financing 導師: Kenny Tang
16 理財策劃及投資的概念 導師: Thomas Chui 醫療計劃觀略 導師: Melissa Tang	17 每週大會 退休工商務到團體醫療產品 導師: Donald Lau	18 中小企貸款攻略及策劃分享 導師: Daniel Ho TA2/U-Select 導師: Marco Chan	19 Drill (處理客戶異議的訣竅?) 導師: Mason Hung 申算案復防討益業外/生病/人壽 導師: Nicolly Cheung	20 分辨意外損傷及製作住院標構 導師: Kelvin Mak TMP 導師: Thomas Chui
23 緯值的意外保單 導師: Kelvin Liu 醫療銷售演說技巧 導師: Alan Tam	24 每週大會 物業話化 導師: Victor Tam	25 玩轉商業大行動 導師: Nicolly Cheung 火險療理/儲蓄等的核保進程 導師: Joyce Cheuk	26 福設創立一個財的計劃集 導師: Hebe Cheung 度身訂做團醫療保障 導師: Dickie Chan	27 演練 (TA2 / U-Select) 導師: Boris Fung 郭爾點演意外及住用商品 導師: Melissa Tang
30 保單的異議處理 導師: Mason Hung 簽單一TAKE 組 導師: Queenie Wong	31 每週大會 演練 - TMP 導師: Elvis Cheung			Investment Saving & Retirement Corporate Solutions Protection

逢星期二每週大會 10:00-11:30am　Drill演練: 10:00am-12:00am　下午培訓: 2:30pm-4:30pm　2022 年06月

星期一	星期二	星期三	星期四	星期五
Investment Saving & Retirement Corporate Solutions Protection		1 人口老化帶來的商機 導師: Donald Lau 金融市場必須學會的知識 導師: Elvis Cheung	2 如何建立客戶群 導師: Kelvin Mak 一般保險銷售大法 導師: Rukia Chan	3 端午節
6 家族傳承/保險理財需求 導師: Joyce Cheuk 危疾 (愛伴航) 的慎數注意事項 導師: Melissa Tang	7 每週大會 度身訂做團體醫療保險 導師: Dickie Chan	8 演練 - 理財策劃及投資的概念 導師: Boris Fung 為什麼人們對保險理財需求 導師: Mason Hung	9 危疾 (愛伴航) 的保障特點 導師: Kelvin Liu 基金選擇及策略分析 導師: Victor Tam	10 培你想要有幾錢? 導師: Alan Tam 如何建立客戶保障需求 導師: Kelvin Mak
13 高盈揮理的融資分享 導師: Marco Chan 居院理賠例子分享 導師: Queenie Wong	14 每週大會 轉錯嘉保險Objection handling 導師: Donald Lau	15 親生子保教對基富 導師: Hebe Cheung 中小企貸款攻略及策劃分享 導師: Daniel Ho	16 寫客人需視你單死我有關重要? 導師: Kelvin Liu 理平退休郵目田 導師: Mason Hung	17 投資月月穩輕鬆 導師: Marco Chan IPO.5新注意手續 導師: Nicolly Cheung
20 演練 (TA2 / U-Select) 導師: Boris Fung 唔變健萬成習慣 導師: Hebe Cheung	21 每週大會 新醫療計劃大比拼 導師: Nicolly Cheung	22 醫療計劃條款細則注意事項 導師: Melissa Tang 實現目標和夢想 導師: Alan Tam	23 點解富人積極買保險 導師: Joyce Cheuk 退息基金工具 導師: Boris Fung	24 演練 - TMP 導師: Elvis Cheung 保障產品小測試 導師: Melissa Tang
27 物業話化 導師: Victor Tam 醫療計劃的重要性 導師: Kelvin Mak	28 每週大會 Premium Financing 全攻略 - 導師: Kenny Tang	29 住院理賠例子分享 導師: Nicolly Cheung 家庭保險組合攻略 導師: Mason Hung	30 演練 - Premium Financing 導師: Kenny Tang MPF開戶攻略 導師: Daniel Ho	

▲ 2022年 1-6月 課程時間表

專業培訓平台全方位打造新人，每天有專為新人而設的課堂，每位導師皆是百萬圓桌會會員級別(MDRT)或以上。

10.6

雲端APP平台
團隊的全天候支援
小助手

▲ 雲端支援APP

▲ 團隊的系統式培訓

▲ 只要APP在手，有如把你的總監帶在身邊

▲ 醫療專科分流——醫生列表

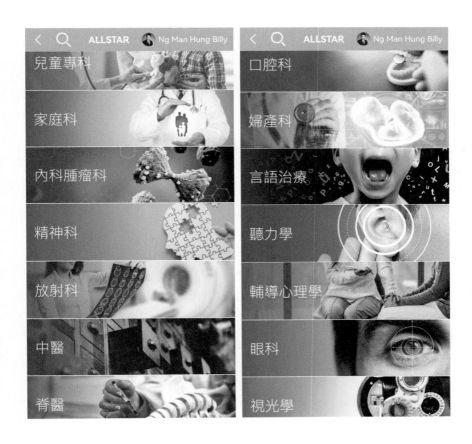

鳴謝

4月底某一個晚上，跟兩位美女同事在公司聊天到近晚上十二點，忽然決定今年書展我們每人要出一本書，就是今天我們三位作者包括我，Boyi及Asana。他們兩本都是以網絡營銷為做主題，也可以一同購買作參考。

由5月籌備6月認真開始寫。由於我不想太影響日常工作，6月整個月份近乎有15天都是寫到凌晨五六點才睡。

感謝紅出版社的Patrick為我們指導整個過程
感謝鈞鈞日以繼夜幫忙排版
感謝Jenet幫忙設計封面
感謝Wing姐，Nana，Kristy幫忙文字上的編輯

鳴謝創業家創辦人Ben sir，Manos sir。由六七年前我在觀塘第一次接觸你們，你們的學生。那個年代還是在學WordPress。可能本來是IT人的我，比較容易理解在課堂內所教的知識，希望我能繼續將你們教的東西繼續發揚光大。將自動引流系統專業化，模版法，無限複製下去。

▲ 我的第一本著作「0至100」

▲ 我們團隊的第一本著作「心魔」

▲ The Next: WKOL——由平凡變得不平凡

▲ 生意自己跑來——網絡營銷保險網店

這幾本著作可以在這裏購買 www.billyng.com/store

書名：WKOL 網紅保險理財顧問

作者： 吳民雄 Billy Ng
編輯： 藍天圖書編輯組
封面設計： 龔芷琦
內文設計： 余采鈞
出版： 紅出版(藍天圖書)
地址： 香港灣仔道133號卓凌中心11樓
出版計劃查詢電話： (852) 2540 7517
電郵： editor@red-publish.com
網址： http://www.red-publish.com

香港總經銷： 聯合新零售(香港)有限公司

出版日期： 2022年7月
圖書分類： 網路營銷 / 保險
ISBN： 978-988-8822-11-9
定價： 港幣 128 元正